Yujie

# 好好存钱

Make Good Money

洋洋姐◎著

北 京

**图书在版编目（CIP）数据**

好好存钱 / 洋洋姐著. -- 北京 ：中国经济出版社，2024. 10. -- ISBN 978-7-5136-7914-5

Ⅰ. TS976. 15

中国国家版本馆 CIP 数据核字第 20240UZ803 号

策划编辑　崔姜薇
责任编辑　黄傲寒
责任印制　马小宾
封面设计　久品轩

**出版发行**　中国经济出版社
**印 刷 者**　北京富泰印刷有限责任公司
**经 销 者**　各地新华书店
**开　　本**　710mm × 1000mm　1/16
**印　　张**　14.5
**字　　数**　161 千字
**版　　次**　2024 年 10 月第 1 版
**印　　次**　2024 年 10 月第 1 次
**定　　价**　68.00 元
**广告经营许可证**　京西工商广字第 8179 号

**中国经济出版社**　**网址** http://epc.sinopec.com/epc/　**社址** 北京市东城区安定门外大街 58 号　**邮编** 100011
本版图书如存在印装质量问题，请与本社销售中心联系调换（联系电话：010-57512564）

# 前　言 Preface

亲爱的读者们：

在这个瞬息万变的时代，我们每个人都渴望掌握财富的密码，以打开通往财务自由的大门。《好好存钱》这本书，正是我为你们精心准备的一份指南。它不仅是一本理财书，更是一次心灵之旅，一次思维革命。

我曾和你们一样，对财务有着困惑，并且面临着挑战。从月入 3000 元到存款达 7 位数，我走过了一条漫长而曲折的道路。在这个过程中，我深刻认识到了理财的重要性，也发现了许多人在理财上存在的误区和盲点。

这本书的诞生，源于我对财务自由的追求和理解。我深知，对于许多像当初的我一样的“小白”来说，理财是一个既神秘又复杂的世界。我观察到许多人因缺乏正确的理财知识和策略而陷入财务困境，深感有必要分享我的经验和见解，以帮助他们改变现状，实现财务自由。我决定将这些经验和见解，以及那些不为人知的财富增长策略，毫无保留地分享给大家。因此，我写了这本书，帮助大家避开岔路，更快地实现财务自由。

《好好存钱》分为五个部分，每一部分都是我精心设计的理财旅程中的一站。从塑造财富思维，到理财规划基础，再到投资带来复利、养老与财富传承，最后到财务健康与风险。这不仅是一本书，更是一门全面的理财教育课。

本书的特点在于深入浅出地介绍了各种理财工具和方法，同时提供了众多真实案例以便于读者理解和共鸣。例如，在讨论如何构建坚不可摧的资产防线时，我详细解释了股债搭配的策略，并通过实际的投资组合案例，展示了如何在波动的市场中找到增长的机会。

我尽可能地避免了枯燥的金融术语，用通俗易懂的语言，结合生动的案例，让理财知识变得通俗而易于理解，并鼓励大家将理论转化为实践，真正地掌握理财技能。

在《好好存钱》中，你会发现财富的积累并不是一蹴而就的，它需要我们不断地学习、实践和调整。这本书的特点在于，它不仅提供了丰富的理财知识，还通过生动的案例和实用的策略，教你如何在日常生活中做出明智的财务决策。

这本书是为那些渴望改变财务状况，却不知从何下手的中青年朋友们准备的。无论是刚步入职场的新人，还是已经拥有一定资产却苦于无法有效增值的中年人，都能在这本书里找到适合自己的理财方案。

为了更好地帮助大家，除了本书中的内容，我还计划提供一系列增值服务，包括开设线上公开课、在线互动问答、推荐理财工具等，让学习理财变得更加轻松和愉快。

在这本书中，我将分享一些真实的案例，比如那些通过理财实现了财务自由的人的故事。理财不是富人的专利，而是每个人的必修课。我要让你相信，只要掌握了正确的方法，每个人都能够实现自己的财富梦想。

不要等待机会，而是要创造机会。

我要感谢所有支持和鼓励我写作这本书的人，特别是我的家人和朋友们。没有他们的支持和鼓励，我可能无法完成这本书的写作。同时，我要特别感谢智者研究院的陈德志和施薇老师，他们不仅是我的良师益友，更是我在投资领域的引路人。

四年前，是他们为我打开了投资世界的大门，让我窥见了其中的奥妙和广阔天地。本书中关于投资和养老规划的知识，凝聚了他们多年研究的精华。每一张图表、每一个理财工具，都体现了他们的研究结晶。正因为有了他们的专业知识和宝贵建议，本书内容才能如此丰富和实用。

在我心中，他们不仅是帮助者，更是本书灵魂的一部分。他们将与本书一起，传递知识、启迪思想，帮助更多的人规划美好的未来。希望本书能成为你实现财务自由的得力助手。

有一句话我特别喜欢："财富需要慢慢积累，耐心是关键。"这不仅是一句理财金句，更体现了一种生活态度。希望每位读者在阅读本书的过程中，不仅能学到理财的技巧，更能培养出一种稳健、理性的财富观念。

最后，我希望《好好存钱》能够成为你们理财路上的一盏明灯，照亮你们通往财务自由的道路。财富不是目的，而是手段，让我们能够更好地生活。让我们一起，好好存钱，好好生活。

你们的理财伙伴

洋洋姐

# 目　录 Contents

1

## 第一部分

### 我们为何要存钱：塑造财富思维

## 第二部分
## 存钱之前要懂得：理财规划基础

# 第三部分

## 这样存钱越存越多：投资带来复利

4

# 第四部分

## 想早早退休该如何存钱：养老与财富传承

# 第五部分

## 这样存钱才踏实：财务健康与风险

第一部分

# 我们为何要存钱：塑造财富思维

# 为旅程做准备：开启财富自由之门

财务自由和财富自由是两个经常被讨论的概念，它们在某些方面有相似之处，但在核心含义上有所不同。

财务自由通常指的是个人拥有足够多的被动收入来覆盖其日常开支，而无须依赖工作收入。这意味着个人可以自由地选择是否工作，以及何时工作，因为他的财务状况允许他这样做。

财务自由的关键在于被动收入的稳定性和持续性，以及个人开支的合理性。

财富自由则侧重于个人拥有的总资产量，包括现金、投资品、房产等，这些资产的总和足以使个人在不工作的情况下维持其生活方式。

财富自由可能包括财务自由，也可能不包括。比如，一个人可能拥有大量资产，但由于各种原因（如资产流动性差、高额债务等）而无法实现财务自由。

财富自由更强调资产的总量和个人对这些资产的控制能力。

简言之，财务自由更多关注的是收入和支出的平衡，以及个人对收入来源的控制；而财富自由则更多关注个人资产的总量和对这些资产的支配能力。两者都是个人财务目标的重要组成部分，但实现的途径和重点有所不同。

在这个充满机遇与挑战的时代，你是否曾仰望那些站在财富巅峰的成功人士，心中不禁涌起一丝羡慕？但你知道吗，他们之所以能够站在那个位置，并非偶然，而是因为他们拥有一种与众不同的财富思维。

为什么有些人看起来似乎毫不费力就能积累财富，而我们却总感觉力不从心？

我们常常以为成功人士拥有的是运气，但真相远比这复杂。他们之所以能够实现财务自由，并达到财富自由的境界，是因为他们的思维模式、行为习惯和决策方式与我们大相径庭。

有钱人懂得如何让钱为自己工作，他们投资自己，不断学习，勇于尝试新事物。他们的目标不仅是积累财富，更是实现财富自由和高品质生活。

通过研究成功人士的案例，我发现，他们有着共同的特点：持续的自我提升、精明的投资策略和长远的规划。这些特点并非与生俱来，而是可以通过学习和实践逐渐培养的。

所以，朋友们，财富自由并非遥不可及的梦想。它需要我们改变思维，采取行动。通过精心规划和持续努力，你也能打开通往财富自由的大门。

接下来，我将与你分享我的亲身经历和具体做法，告诉你我是如何通过不断地学习和实践，一步步实现财务自由的目标，并迈向财富自由的。这不仅是一本关于投资理财的书，更是一本关于改变命运的书。

让我们一起踏上这段旅程，探索财富的秘密，开启属于我们自己的财富自由之门。

## 从月入3000元到存款达7位数：我的财务自由之路

我是洋洋姐，今年38岁。在过去的10年里，我从月入3000元到存款达7位数，实现了退休自由，如今，我享受着工作自由、时间自由的生活。

我曾是一名新闻媒体记者，在长达14年的职业生涯中，我每天都能接触到海量的新闻资讯。坐在电脑前，我如同洞察了世界的每一个角落。这份工作赋予我一种特殊的洞察力，让我看到了那些隐藏在社会现象背后，真实且不断发酵的故事。这些经历悄然改变着我的认知，让我对这个社会和世界有了更深的理解。

多年来，我不断地整理和总结过去的经验，学习国内外资产管理者关于财富与成功的经验，总结出一套工薪族可以复制的实现财务自由的方法。这套方法不仅帮助了我，也帮助了许多愿意改变现状的人们。现在，我将这些方法整理成书，希望能帮助更多的人实现他们的财务自由梦想。

我和我老公的赚钱优势并不明显，或者说，工作的前10年，我们只是普普通通的工薪族。但正是这些打工经历，让我学会了如何在不同的经济环境中做出正确的财务决策、如何通过日常的点滴节约积累财富，最终实现财务自由。

其实，想要终身有钱，方法很简单。首先，你要清晰地描绘出你想要的生活的蓝图。其次，对比你现在的生活和你的蓝图，找出两者之间的差距。最后，计算出你需要储备的资金，并找到一条切实可行的路径，让自己变得更有价值。记住，只有你给予得更多、承担得更多、服务得更多，你才会有机会赚取更多。

但这本书并不仅仅是教你如何提高自己的价值的，更重要的是，它会引导你实现个人成长——从你现在的水平，成长到你梦寐以求的更高境界，无论是财务安全、财务独立，还是财务自由。

当然，实现了财务自由并不意味着就要放弃工作或者停止追求进步。事实上，很多人在实现财务自由之后，选择继续工作，因为他们享受工作的过程和由此带来的成就感。工作不仅是为了赚钱，更是为了实现自我价值和追求更高的目标。

本书将教你如何掌握一种至关重要的生活技能——投资理财。当你掌握了这种技能，你就能够赚到更多的钱，进而改善你的生活质量。

## 初到北京：在挑战中实现财富萌芽

2009 年，我大学毕业来到北京，借住在一个单位的宿舍里。当时我没有固定的工作，而是在不断地尝试各种工作，以寻找适合自己的岗位。

刚到北京的前 3 年里，我工作的地方和住的地方离得很远，通勤时常常要换乘多趟公交和地铁，单程在 2 个小时以上，全天至少 4 个小时都奔波在路上。如果现在再让我过那样的生活，我恐怕无法接受，但那个时候的我并不觉得苦，因为路上的 4 个小时，我可以用来看书学习。

就是从那个时候开始，我发现自己对关于财富的书籍很感兴趣，关于财富的意识开始在我的头脑中萌芽。我向往身边财富与成功兼得的人的生活。那时我的认知还很肤浅，以为他们有钱，就会过得非常幸福。

在工作的第三年，我第一次拿到了 1 万元年终奖。当时我很开心，我终于可以实践在书中看到的理财方法了。于是我跑到楼下的银行，找到理财经理，拿我的这 1 万元买了理财产品。当时，我并不知道自己买了什么，后来才弄明白，我买的是一份保险，而其实我当时想买的是一份定期储蓄产品。

等我成为职业理财顾问后，又把这个产品拿出来研究了一下——利率持续下行的阶段，和同期的理财产品相比，它的收益还是不错的。

从 2009 年开始，10 年里，我累计购买了 50 多份保险，其中超过 80% 是在推销员的劝说下购买的。回顾这段经历，我对那些曾向我推销保险的销售人员心存感激，正是因为他们，我才将这些钱存了下来，并且从中获得了比当前市场上许多保险产品更优的回报。然而，当时这些保险的配置不尽合理，一度给我家的现金流带来了不小的压力。

2015 年，我开始尝试基金投资，却意外地遇到了牛熊市的转换点。这完全是个意外，我亲身体验了资金在一夜之间忽增忽减的戏剧性变化，深刻认识到基金投资远非简单地选择一只明星基金那么简单。当时的我在投资市场中仿佛一只无头苍蝇，对前方的路一无所知，无法预测哪里有潜在的风险。

这些经历虽然充满了挑战，但它们教会了我，投资不仅是关于盈利的，更是一段关于耐心、学习和自我成长的旅程。

## 资产增长的秘诀：抓住机遇与调整资产结构

在生活中，我学会了如何节约和理财，同样地，在投资中，我学会了如何审慎决策和管理风险。

我的资产能够快速增长，得益于我敏锐地抓住了2015年和2017年房地产市场的机遇。那是我第一次亲身体验到，随着市场的波动，及时调整资产配置，可以实现财富的迅速增长。

记得在2015年前后，房地产市场如同过山车一般，政策的风向标影响着房价的起伏。那一年，我的小宝宝出生了，他的到来让我更加坚定了为他的未来教育做出规划的决心。

身为北漂一族，我和老公都深知，要想让孩子接受更好的教育，我们必须拥有一套学区房。但以我们当时的收入，即使是最普通的学区房，也是我们难以企及的梦想。于是，我们决定先在城市的边缘买一套我们能负担得起的房子，然后随着房价的上涨，通过置换的方式逐步接近我们的目标。

我们的策略是正确的。2015 年到 2017 年，北京的房价几乎是以火箭般的速度攀升。我们买的房子在第二年价格就翻了一番。2017 年，我们决定在北京城区为孩子置换一套学区房。

那时，我正在参与全国两会的前方报道，房产税的政策呼之欲出，似乎随时都有可能在两会期间公布。我深知，房产税的出台将再次掀起房价的波澜。因此，在两会前夕，我们开始在城市中心物色学区房，并同时挂牌出售我们的房子。

那时的房地产市场火爆异常，许多家庭都在忙着置换房子。每一天，我们都紧张地等待着卖房的款项到账，以便我们能支付买房的款项。政策的信息密集发布，为火热的房地产市场降温。那段时间，我几乎夜不能寐，和千千万万的买房卖房者一样，心中充满了焦虑。

最终，我们成功地以几乎同等的价格，完成了从城市边缘到城中心学区房的置换。我承认，这次我的运气不错。我第一次尝到了跟随政策变化做决策的甜头。

2023 年，房地产市场交易量开始下滑，房价在经历了五六年的平稳期后，首次出现了下降的趋势。这时，我已经离开了媒体行业，但仍然保持着每天关注新闻的习惯。我敏锐地捕捉到了这一变化，并及时调整了家庭的资产负债结构，将我们持有的还有上百万元房贷的另一套房子出售。

或许你会问，卖了房子我们住哪里呢？在我的理财观念里，拥有房子的目的并不是居住，而是满足特定的需求，如上学、结婚等。我们要时刻保持对金钱的敏感，不断调整自己的资产布局。

这些年，通过对实现财富自由的人们的观察，我发现，他们与普通人的区别不仅是财富的多少，更是对市场波动的反应快慢。他们不会被短期的波动所吓倒，而是会冷静分析，寻找最佳的投资时机。

就像我在 2023 年底所做的，当房价上涨带来的红利与股市的低迷相遇，我果断地将房产转化为投资性资产，并在 2024 年初，分批布局股市，把握了市场的脉动。

历史数据告诉我们，股市和房市往往呈现出周期性的变化。当房价上涨时，许多人选择将资金投入房产，而股市低迷时，正是将资金转向股市，实现资产多元化配置的好时机。

多年的理财经验，让我深刻体会到：赚钱固然重要，但更重要的是学会巧妙地管理手中的钱。只要我们保持敏锐的洞察力，不断学习并关注宏观经济动态，就能轻松追赶上金钱的潮流，实现财富自由的梦想。

要了解宏观经济动态和积累相关经验，其实并不复杂。在工作的间隙，你可以利用零碎的时间来关注财经新闻。想象一下，如果你把部分看剧和刷视频的时间，用来浏览最新的财经动态，会怎样呢？在这个信息爆炸的时代，获取这些信息简直轻而易举。

你可以关注一些权威的财经媒体或微信公众号，抑或是下载新浪微博、百度、腾讯新闻等 App。一旦你开始频繁浏览财经新闻，相关内容就会源源不断地被推送给你。这个方法既简单又实用，关键是要持之以恒，养成良好的习惯。随着时间的推移，你会培养出一个对金钱敏锐的头脑，能够发现身边转瞬即逝的机会。

## 养成财务好习惯：记账、强制储蓄与理性消费

工薪族如何才能攒下理财的本金呢？背后的秘诀，其实就藏在我坚持了10年的那些财务习惯里。

首先，我有个习惯，就是用手机App来记账。

你是不是也常常觉得，每个月的钱不知不觉地就没了，自己也不知道花到哪里去了？我也有过这样的困惑，但自从我开始用“随手记”这个App后，每一笔收支都明明白白。我每次花钱或收钱，都会立刻在这个App上记一笔，方便快捷，几秒钟就能搞定。这样，我就能随时了解自己的财务状况，更好地做出规划。

记得有一次，我通过这个记账的习惯，发现自己一个月竟然在咖啡店花了近500元喝咖啡。哎呀，这钱花得有点多啊！于是，我开始减少去咖啡店的次数，并试着自己在家冲咖啡。就这么一个小改变，一年下来能省不少钱呢！

其次，我还有个习惯，就是用保单来强制自己储蓄。

当我意识到存钱的重要性时，我就选择了用这种方式来约束自己。一开始，我每年的保单存款只有5000元，但慢慢地，我加大了购买力度，从1万元增加到5万元。结婚后，我和老公一起努力，我们的家庭储备金也越来越可观了。

用保单储蓄的好处有很多，比如能帮我们为未来做好规划，还能在紧急时刻给我们提供资金支持。而且，保单通常还会附带一些

额外的保障，让我们心里更踏实。

最后，我还有一个消费习惯。

以前，我也是个爱冲动购物的人。但慢慢地，我学会了在买东西前先问自己："这个东西我经常用吗？它对我的生活或工作有帮助吗？"这样一问，我就开始变得理性了。

现在，当我在淘宝上看到喜欢的东西时，我不会急着下单。我会先把它加到购物车里，给自己 3 天的时间冷静思考。如果 3 天后我还是觉得这个东西值得买，才会下单。不过，大多数情况下，我都会发现购物的冲动只是一时的。购物车里 90% 的东西，我 3 天后再也没去看过。

10 年过去了，当我整理自己的保单时，发现已经攒下了 7 位数的钱，从 55 岁开始，我每月都能有 1 万元的"躺赚"收入。当时我也吓了一跳，原来通过合理规划和坚持好的财务习惯，我也能积累起一笔不小的财富啊！只是通过审时度势，及时调整自己的资产结构，就能攒下这么多钱。而这些钱，都是靠我平时一点一滴积累来的！

## 终身财务自由：长期视角与资产配置的关键

在这个充满变数的世界里，我们每个人都渴望拥有一种力量——财务自由的力量。它不仅是数字的累积，更是一种生活的艺术，是一种能够让我们自由追求梦想、享受生活的能力。

你是否曾想象，即使不工作，也能有稳定的收入，让你释放出宝贵的时间去做自己真正热爱的事情？这并非遥不可及的梦想，通过长期而周全的财务规划是可以实现的。精心设计的财务规划，能帮助我们降低金融市场的不确定性风险，确保收益的稳定性，让我们幸福的未来更加清晰可见。

然而，面对复杂的金融市场和众多的金融工具，我们往往会感到困惑和无力。我坚信，没有哪一种金融工具能够解决所有的问题。每种工具都有其独特的优势和适用场景。在进行资产配置时，我充分利用这些工具的优势，以实现我的储蓄目标，既轻松又稳定。

"资产配置"这个词虽然大家耳熟能详，但能真正理解其背后含义，或知晓如何实际操作的人却是凤毛麟角。我花了 10 多年的时间，不断实践我的资产配置理论，最终证明了这一理论的强大力量。

在近 10 年的时间里，我从一名只会把钱存在银行或保险账户里的业余理财选手，逐渐成长为一名专业的理财从业者。我结合转型后 4 年里学到的理财知识，构建了一个家庭财富自由规划模型。这个模型融合了家庭财务情况分析、家庭风险控制、现金流管理，以及投资目标管理等多个方面。我为我的客户制订了"终身有钱计划"，让他们能够清晰地看到未来幸福生活的实现路径。

想象一下，你就像是一家能够自行运转的公司的 CEO，只需要掌控每个部门的工作进度，为他们设立目标，而不用躬身去做所有细枝末节的事情。每隔一段时间，就去检查一下各部门的工作，适时做一些调整，而你的大部分时间就可以用来做一些自己喜欢的事情，或者多陪陪家人，好好享受生活。

为何要如此精心构建这个模型？原因在于我深知众多富有和成功的人并非一开始就拥有财富。他们之所以能够成功，一个重要的秘诀便是秉持长期主义的思维方式，以及目光长远。

在平时的客户咨询中，我发现客户的财富目标往往比较虚幻，他们更多地将关注点放在了某个具体的理财产品上，并期待这个理财产品能够帮助他们实现财务目标。现在人们不缺少购买理财产品的渠道，但缺少一个清晰的框架来指导他们如何理财。

比如你想购买一个锤子，但实际上你并不是想要这个锤子，而是想要通过拥有一个锤子，在墙上钉个钉子，从而挂上你新买的画。现实中，你往往心中只想着“我要买个锤子”，但背后真正的目的，往往容易被忽略。而那个目的，才是你做出行动的真正动力。

但实际上，单靠一个或几个理财产品，是无法真正实现财务目标的。实现财务目标，需要构建一套整体的框架，分析你心中真正想要达到的目的。我通常会在与客户的交谈中，帮助他们一步步梳理出财务目标，并将这些目标具体化、数字化，计算出实现这些目标所需储备的资金，安排好资金的使用时间，规划好他们手中现有资金的使用方式。

在本书中，我将逐步展开这个模型的各部分细节，并与你分享更多关于财富思维的塑造、财务规划的策略以及投资的智慧。无论你现在处于人生的哪个阶段，我相信，只要有正确的方法并坚持不懈，财务自由于你而言便不再是一个遥不可及的梦想。就像我一样，从一个工薪族起跑，通过不断学习和实践，最终走上了财务自由之路。

当然，追求财富并不是我们的最终目的，我们真正想要的是解决问题的方式和方法，而财富只是一种手段。通过提前规划和准备，我们可以在问题真正发生时有钱去解决它们，从而避免陷入被动和困境，这才是我们真正的目的。

现在至少可以肯定的是，我们要么主动用钱去解决问题，要么被动地被钱所困扰。在这个过程中，我们要么成为钱的主人，要么在某种程度上成为钱的奴隶，一辈子为钱打工。然而，生活的意义并不仅在于追求金钱，更在于运用金钱来改善自己和周围人的生活。让我们一起，用智慧和勇气，掌握财务自由的力量，享受生活的美好。

## 开启财务自由之旅：你准备好了吗

你是不是也曾梦想改变命运，期待自己的财务状况能有所好转，希望有人能指引你走向富有，或者盼着一张彩票带你走向人生巅峰？其实，知道了就要去做，因为我们的认知塑造思维，思维决定行动，行动带来结果。

大多数人习惯了按部就班，这是人的天性。但改变并不需要天翻地覆，只须微调一下你的思维方式，让这点小改变成为你的新习惯。就像你每天上班都要走的那条路，试着往左多转一点点，或许你就会发现新的风景。

起初，这可能只是一个模糊的念头，比如买东西时不看价格，点餐时随心所欲。但随着时间的流逝，这个目标会渐渐清晰：你想拥有更多的自由时间，带着家人四处旅行，看着存款一点点增加。

10 年过去了，我虽然与书中的成功人士还有差距，但在阅读了大量关于财富的书籍后，我发现这些思维方式已经悄悄融入了我的生活，指引着我前行。我将与你分享我的财富思维、实现财务自由的秘诀以及实用的理财方法。无论你是职场“菜鸟”还是“老鸟”、理财新手还是资深投资者，本书都会带给你有价值的启示。

在接下来的章节中，我将深入剖析我的财富思维是如何形成的、我的财务规划策略以及投资智慧。你将了解财富与成功兼得的人与贫穷的人在思维方式上的本质差异，并学会挣脱内心的束缚、培养自己的财富配得感，从而提升赚钱的能力。

金融领域的人总爱使用专业术语，让人感觉投资理财复杂难懂。但事实上，只要你愿意花时间去学习和了解这些术语背后的含义和原理，你会发现投资理财其实并不难。一旦掌握了这些知识和技能，你将能更好地管理自己的财产并实现财务目标。

我写这本书的初衷，就是希望你成为金钱的主人，而不是旁观者。

想象一下，如果实现了财务自由，钱不再是问题，生活会怎样呢？那些困扰你的问题，比如辛苦上班、复杂的人际关系、家庭琐事等，都将不再是负担。

健康的身体、持久的热爱、持续的感激与快乐，这些生活中的稀缺品，就像那些敏锐捕捉商机的商业精英或白手起家实现财务自由的人一样珍贵。

我强烈建议你按照书中的章节一步步操作。先整理好思想，后面的投资组合才会更有效。如果你还沉浸在自己的固有思维中，那么即使你看到了世界上最好的投资组合，也不知道该如何利用。

本书要分享的是工薪族也能实现财务自由的方法。当你实现了财务自由，财富自由也就近在咫尺了。

当然，要实现财务自由，除了了解方法，还需要有资金。你可能会说，你读这本书就是因为缺钱。虽然我不能像变魔术般让你立刻富有起来，但我可以告诉你为什么会感觉手头紧、你的钱会从何处来又都去哪了，以及你需要调整哪些思维和习惯来吸引财富。如果你不愿意改变这些习惯，无论你读了多少书，财富都不会靠近你。关键在于你是否真的想变得富有、是否真的想要摆脱繁重的工作，实现终身的财富自由。

我想借此机会鼓励每一位读者开始或继续自己的财务自由之旅。不要害怕开始，即使只是小小的一步，也是在朝着财务自由的方向迈进。

记住，财务自由是一场马拉松，而不是短跑。持续努力和不断学习是成功的关键。

无论你的起点在哪里，凭借不懈的努力和正确的引导，每个人都有机会实现自己的财务自由梦想。在书末的附录部分，我还列出了一些财务管理工具、投资平台和相关书籍，我把这些推荐给你，希望能为你的财富增长提供更多的帮助。

对我来说，阅读是解决问题的钥匙之一，尤其是那些关于财商、财富增长以及经营管理的书籍，它们像磁石一样吸引着我，仿佛书中描绘的就是我梦寐以求的生活。通过阅读，我的行动力逐渐战胜了恐惧，内心的挣扎也越来越少。

这些都是我精心挑选并用真金白银验证过的优质资源，希望能为你的财富增长助力。期待在后续章节中与你深入交流，分享更多的策略和心得。让我们共同努力，一起开启通往财务自由的旅程吧！你准备好了吗？

## 走出财富迷途：你所不知道的真相

在生活中，我们不难发现，那些实现财富自由与成功的人，他们的秘诀千差万别，而那些陷入贫穷困境的人，他们的思维模式却出奇相似。

二八定律向我们展示了一个现实：世界上 20% 的财富与成功兼得的人掌握着 80% 的财富，而剩下的 80% 的人只分到了 20% 的财富。是什么造成了这样的差异？是资源、机遇，还是更深层的原因？

答案在于思维。贫穷思维与财富思维的差异（见图 1-1），正是决定人生轨迹的关键。

让我们通过一个充满生活气息的故事来体会这两种思维的不同。

有一对好朋友，一个叫李明，另一个叫张强。张强成长在一个相对富裕的家庭，跟着父母，耳濡目染，自然而然地形成了财富思维；而李明则在一个普通家庭长大，沿用着父母的贫穷思维。

有一次，两个人品尝了一款酒，都觉得味道无与伦比，于是决定投资做酒的生意。他们各自有 5 万元的启动资金。

李明，秉持着贫穷思维，用 1 万元租了个店面，再花 1 万元装修，买了 2 万元的酒来卖，剩下的 1 万元作为备用金。他每天勤勤恳恳地守着自己的小店，希望有一天能够收回成本。

而张强，运用财富思维，用 5000 元雇人撰写了一份策划书，做出了一个绝佳的商业方案，用 1 万元购买了酒，再用 1 万元举办活动，与厂家建立了稳固的合作关系，确保货源充足。他在活动现场提供免费品尝，同时进行市场调研。接着，他联系了几位投资者，邀请他们到活动现场，亲眼见证产品受欢迎的程度，并成功获得了投资。他不仅投资生产，还采用线上线下结合的模式销售，并向其他商贩供货，形成了一个完整的生产销售链。而他自己，即使不工作，也能获得源源不断的收益。

这个故事告诉我们，思维的高度决定了财富来源的广度。

改变思维，就能改变生活。

贫穷不是命运，而是一种选择。

当我们开始用财富思维来引导我们的行动时，我们就已经迈出了走向富有的第一步。

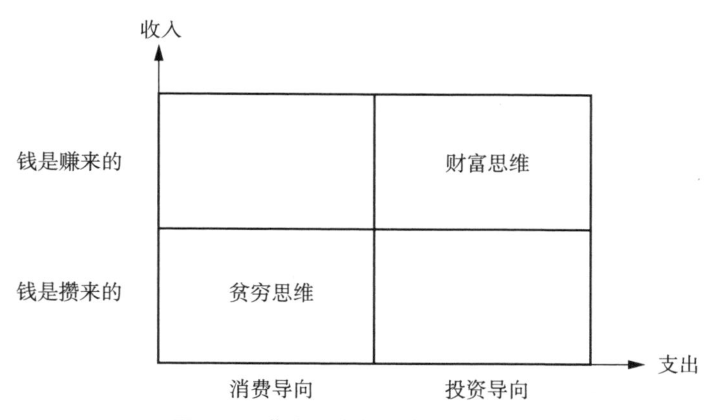


**图 1–1 贫穷思维与财富思维的差异**

那么，为什么拥有贫穷思维的人，往往财富就会变得很少呢？因为贫穷思维带来一种心态上的匮乏，就像我们之前说的，思想决定行为，而行为导致了贫穷的结果。但这个结果不是永久的，我更愿意把它称为“暂时贫穷”。

贫穷思维具体是什么样的呢？比如，遇到问题时，我们是否习惯于找借口、推卸责任？是否只看到眼前的困难，而忽视了解决问题的可能性？又是否过于关注别人的成果，而忽视了自己的努力和付出？这些都是贫穷思维的典型表现。

而与之相对的，财富与成功兼得的人则拥有一种积极、主动、创造性的思维方式。拥有这种思维方式的人，会勇于面对挑战，不断提升自己的能力和专业素养；他们会制定长远的人生规划，并坚持不懈地去执行；他们懂得感恩和分享，愿意帮助他人、回馈社会。他们的思维方式，决定了他们的行为方式，最终使他们得到了财富。

所以，如果你想要真正成为一个财富与成功兼得的人，终身有钱，那就要先识别并摒弃贫穷思维。我总结了过去 10 年来观察到的财富与成功兼得的人对待财富，与贫穷的人对待财富之间的差别，结合我自己逐渐改变思维方式后财务状况逐渐变好的经验，给出了以下 10 条走出贫穷思维之迷途的建议。

建议一　别让“坏建议”毁了你的未来

建议二　走出“投资理财遥不可及”的误区

建议三　注意贫穷思维的抉择：努力 VS 借口

建议四　摆脱“金钱与情感只能二选一”的束缚

建议五　警惕“只有一份收入就足够”的安逸陷阱

建议六　抛弃“等待机遇”的馅饼

## 建议一　别让“坏建议”毁了你的未来

你是否有这样的经历：因为某个“高人”的指点，你做出了一个重要的决定，但最后发现这个决定让你陷入了困境。这样的情况，可能很多人都遭遇过。

我有位好友，一直对投资很感兴趣。有次家庭聚会，他听到一个亲戚大谈某款理财产品如何赚钱，便心动了。其实这位好友对理财并不在行，但他非常信任这位亲戚，于是毫不犹豫地投了一大笔钱进去。结果没过多久，那款理财产品就出了问题，他的投资几乎打了水漂。

这样的事情，并不是个例。很多人在面对重要决策时，都会寻求他人的意见和建议。但问题在于，这些建议往往来自对相关领域并不了解的人。他们可能只是凭借自己的感觉或者一些片面的信息来给出建议，这些建议很可能会误导你。

如何避免被“坏建议”误导？

首先，我们要学会独立思考。在听取他人的建议时，要保持清醒，不要被对方的言辞所迷惑。要仔细分析建议的合理性，看看它是否真的符合自己的实际情况和需求。

其次，我们要多方求证。不要只听一个人的建议就做出决定。可以多咨询几位专业人士或者有相关经验的人，看看他们对这个问题的看法。这样可以帮助我们更全面地了解问题，从而做出更明智的决策。

最后，我们要勇于承担后果。即使我们做出了错误的决策，也不要过于自责或者抱怨他人。要从中吸取教训、总结经验，以便在未来更好地应对类似的问题。

别让“坏建议”成为你人生的绊脚石。

在人生的道路上，我们会遇到各种各样的建议。有些建议可能会让我们受益匪浅，而有些建议则可能会让我们误入歧途。因此，我们要学会甄别和筛选建议。

当我们面对重要的决策时，不妨多花些时间去做调查和研究，多听听不同人的意见，然后再结合自己的实际情况做出决定。这样，我们才能更加自信地面对未来，做出最明智的选择。

记住，最终决策权在你自己手中。无论他人给出何种建议，你都有权选择接受或拒绝。不要被外界的声音所左右，要相信自己的直觉和判断。只有这样，你才能真正地掌控自己的人生。

## 建议二　走出“投资理财遥不可及”的误区

真正的财富与成功兼得的人，他们的思维方式和我们有什么不同？他们敢于冒险，勇于尝试，每当遇到挑战，总能冷静应对，用智慧和勇气去解决问题。而我们中的许多人，往往因为一点点的不确定性就选择了放弃。

相传在摩洛哥的哈福莱特村，有一个名叫阿里的普通村民。他和妻子共同抚养了 5 个孩子——3 个儿子和 2 个女儿，如今孩子们都已各自成家。阿里的家虽然简朴，但很温馨，他拥有 4 头健康的牛、1 头勤劳的毛驴，以及 8 棵年年都能带来收成的橄榄树。他的大儿子加入了军队，肩负起保家卫国的重任；二儿子则是家里的得力助手，负责照料家中的牲畜。然而，让阿里稍感忧虑的是，他的小儿子亚辛尽管已经成年，却似乎还没有找到自己努力的方向，日子过得漫无目的。

有一天，小额信贷机构 AL Amana 的首席执行官，一位名叫哈桑·福阿德的商业精英来到了哈福莱特村。哈桑了解到阿里家的情况后，便为他量身定制了一个旨在增加家庭财富的计划。哈桑建议阿里申请一笔小额贷款，用以建造一座新的牛棚，并购买 4 头小牛。他向阿里保证，只要耐心等待 8 个月，待小牛长大，再将它们卖出，就能获得一笔可观的收入。

然而，面对这样一个诱人的提议，阿里却有些犹豫。在他看来，他的家庭已经拥有了所需要的一切，生活虽然简朴，但一家人却感到满足和幸福。对于贷款扩大生产规模，阿里内心充满了顾虑，他不愿意冒险去追求更多的财富，害怕打破现有的平静与安宁。

这个故事反映了不同的生活态度和思维方式。一个是追求稳健增长、勇于尝试新机会的财富思维；另一个则是珍惜现状、避免风险的贫穷思维。阿里的故事使得我们思考：这种“小富”仅能维持一家人现有的生活水平，在不扩大生产规模的情况下，家庭整体抗风险能力其实是很弱的。一旦家里有人患了需要花很多钱的病，或出现动物疫情，抑或遭遇气象灾害，整个家庭就很容易因资产损耗而陷入贫困。

你知道吗？只靠工资或存款，财务自由就像空中的彩虹，美丽但遥不可及。真正的财富积累，需要我们学会利用金融工具，让自己的资产不断增值。当然，这背后也离不开专业的指导和帮助。

但很多人会说："投资理财太复杂了，我完全不懂。"其实，这些困扰都能找到解决的办法。就像学习一门新语言一样，只要我们愿意花时间，去找寻那些"密码"，就一定能够掌握它。

生活中，赚钱的机会其实无处不在。财富与成功兼得的人用他们的敏锐眼光捕捉这些机会，而我们却常常视而不见。那么，是什么阻挡了我们追求财务自由的脚步呢？也许，答案就隐藏在我们内心的恐惧中。

为了帮助你更好地理解和把握这些机会，本书将深入剖析多种工薪族常用的投资策略和工具。

我会分享一些实用的理财秘籍，这些秘籍或许能让你的财富迅速增长。但请记住，投资总是伴随着风险。本书不仅会告诉你富豪们是如何投资的，更重要的是，它会教你如何利用有限的资源，实现收益的最大化。

我们需要树立正确的金钱观。金钱，确实可以带来很多便利和快乐，但它并不是万能的。金钱能买到物质上的满足，却买不到真正的幸福、友情和见识。所以，让我们把投资当作一种爱好、一种事业、一种了解世界的途径。而财富，只是我们投资过程中的一个副产品。

## 建议三　注意贫穷思维的抉择：努力 VS 借口

富兰克林曾深刻地指出，真正的贫穷不在于物质的匮乏，而在于心灵深处那种无力改变现状的绝望。

电影《风雨哈佛路》以真实故事为蓝本，展现了莉斯·默里的不屈不挠。她的母亲酗酒吸毒，最终死于艾滋病，父亲则进入收容所。但莉斯并未屈服于命运。这个曾逃课的女孩，用两年的时间完成了常人要花四年完成的学业，她的决心坚如磐石。

当老师鼓励她追求大学梦时，她的朋友克丽丝却对她冷嘲热讽。在克丽丝心中，大学是她遥不可及的幻想，而街头流浪似乎是她们这类人唯一的归宿。但莉斯不同，她不仅踏入了大学的校门，更拿到了《纽约时报》的全额奖学金，骄傲地走进了哈佛大学。

贫穷的枷锁，往往不是因物质的短缺而生，而是来自心灵的自我设限，是放弃追求改变的消极态度所带来的。

人们常说："面对困难，有人逃避，有人迎战。"这并非对困境中的人的不公，而是在告诉我们，一个人的选择反映了他的意志。当一个人被"贫穷宿命论"所困时，在逆境中便容易退缩。

只有那些坚信自己能够改写命运的人，才会不断探索、尝试，直至梦想成真。

我所了解的成功人士，他们几乎从不将成功归因于运气。他们强调的是不懈的努力、明智的选择、精准的判断和持续的奋斗。这些，才是他们获得成功的真正秘诀。

他们明白，运气或许能带来一时的顺利，但更重要的是内在的驱动力——那种坚信自己能够通过不懈努力改变命运的信念。正是这种信念，让他们在逆境中保持积极的心态，勇往直前。

我们不能否认运气在成功中的作用，好的机遇确实可能成为助力。但关键在于，没有充分的准备和努力，好运气也只会昙花一现。

成功是一个多因素作用的结果。它不仅关乎运气，更涉及个人的努力、智慧、机遇以及社会环境。在这些因素中，我们最能掌控的，是自己不懈的奋斗和智慧。

综上所述，虽然运气在成功的道路上可能有一定的影响，但个人的努力和内在的驱动力才是关键。让我们不再依赖好运气，而是用行动去创造属于自己的辉煌！

## 建议四　摆脱“金钱与情感只能二选一”的束缚

曾经，我的朋友圈里有这么一个人，和我不算熟识，只是有过一面之缘，但某天他突然在网上和我聊得火热。

他的话语间透露出这样的意思：虽然他收入微薄，但他对此心满意足。他认为，尽管有钱人拥有丰厚的财富，但若心中不快乐，那一切也是徒劳。他坚称，每个人都有自己的生活选择，而他选择了这种简单的生活，并深感满足。

很显然，贫穷并非一种境遇，而是一种选择。许多人因为无法、不愿或是不敢去改变自己的现状，便用种种借口来美化自己的生活。

然而，这种自欺欺人的说法，或许能说服他人，却始终无法说服自己。生活中的种种不足，是实实在在存在的。经济的窘迫，如影随形，让人持续痛苦。

说实话，贫穷并不一定带来痛苦，而富有也不一定导致抑郁。从自杀和抑郁症的数据来看，贫穷的人陷入痛苦的概率，要远大于那些成功且富有的人。

我遇到过许多经济条件一般的人，他们对金钱怀有一种复杂的情感：虽然内心深处对金钱充满渴望，但潜意识里又在排斥它。

你可能会觉得奇怪，甚至想要立刻反驳我，说你对金钱的喜爱是真诚的。但请少安毋躁，这并非空穴来风。金钱，在我们许多人的心目中，被赋予了太多复杂的情感色彩。

每当我们谈及金钱，你首先想到的是什么呢？是那些熠熠生辉的金币，还是那些关于金钱的负面评价，比如“金钱是万恶之源”或“有钱人都不快乐”？其实，这些观念可能已经在我们的心中生根发芽，让我们在追求财富的道路上犹豫不决。

若要真心实意地拥抱财富，我们首先得从心底里喜欢它，而不仅是停留在口头上。同时，我们还应该向那些既富有又成功的人学习，了解他们如何看待财富、如何管理资产。这样，我们不仅能提升自己的财商，还能更好地掌控自己的财务状况。

如今，许多人一方面喜欢贬低企业家和赚钱行为，但另一方面，缺钱又给他们的生活带来了巨大的压力。这种压力，可能比许多人想象的要沉重得多。因为缺钱，有的人与家人疏远，有的人不得不从事并不喜欢的工作。你是否曾为钱而烦恼？你是否曾扪心自问："我的钱够用吗？"或者"我满足了吗？"

金钱这个词，看似简单，却能引发人们强烈的情感反应。但奇怪的是，我们很多人往往避免谈论它。在工作场合谈论金钱，甚至可能被视为失礼。我们或许会在正式场合探讨"财富"，但直接提及金钱就显得过于直白、俗气。

金钱，确实牵扯到许多个人的东西，也承载了太多的情感。有钱的人可能会因为自己的财富而感到内疚和不安，担心被误解或嫉妒；而没钱的人则可能会因为贫穷而感到羞愧。这种复杂的情感，让我们往往难以正视和处理与金钱相关的问题。

但无论怎样，为了我们的财务自由和身心健康，我们必须学会正视金钱在我们生活中的作用和意义。只有这样，我们才能真正地接纳它，并享受它所带来的美好。

## 建议五　警惕"只有一份收入就足够"的安逸陷阱

经济形势是不断变化的，依赖单一的收入来源，简直就像是在走钢丝，一不小心就可能摔个大跟头。很多人觉得，有份稳定的工作就万事大吉了。但现实是，这种观念早就过时啦！

试想一下，如果有一天，你的老板突然告诉你："对不起，公司要裁员了。"或者你所在的行业突然遭遇了"寒冬"，你该如何应对？到那时候，生活的压力恐怕会像山一样压在你身上。而那些财富与成功兼得的人，早就明白了这个道理。他们可不会把所有的鸡蛋都放在一个篮子里，而是通过多种方式来赚钱，这样即使某个篮子掉了，还有其他的篮子可以依靠。

说到追求多元化收入，这不仅是为了在经济动荡时有个保障，更重要的是，它能让你更快地积累财富。比如，有的人通过投资房地产、股票、基金等，或者通过兼职、创业等，增加自己的收入来源。这样，无论市场环境如何变化，他们都能稳稳地赚钱。

对于我们工薪族来说，学习这种策略真的是太有必要了。这不仅是为了应对经济风险，更是为了让我们在未来过上更好的生活，实现自己的梦想。所以，现在就开始审视自己的收入来源吧，看看有哪些是可以拓展和多元化的。

举个例子，如果你对网络营销感兴趣，那么你可以尝试在业余时间做一些相关的副业；如果你擅长写作或者设计，那么你也可以通过提供专业服务来增加收入。当然，投资也是一个不错的选择。但记住，无论你选择哪种方式，都要做好风险管理，确保自己的收入稳健且可持续。

我从上大学的时候，就开始尝试多元化收入，比如开淘宝店卖衣服。除了正常工作，我还投资了一些有潜力的基金，并购买充足的保险，为家庭资产建立牢固的防火墙。刚开始的时候，我也确实遇到了很多困难，投入了很多时间和精力。但现在，10 多年的努力已经得到了回报。即使在经济不景气的时候，我也能保持稳定的收入，甚至还有额外的收益。

所以，朋友们，别再守着那一份死工资了！在这个日新月异的时代，我们需要更加灵活地应对经济环境的变化。多元化收入就是我们实现这个目标的关键所在。要一直牢记：不要把所有的鸡蛋都放在一个篮子里！

## 建议六　抛弃“等待机遇”的馅饼

在《不做金钱的奴隶》一书中，作者马银春用一个生动的故事，描绘了行动与不行动的天壤之别。故事中的两兄弟，面对同样的商机——创办鞋厂，却有着截然不同的态度。

哥哥雷厉风行，迅速集结团队，购入设备，短短数日便将新品推向市场。弟弟则犹豫不决，心中充满了疑虑和担忧。他担心竞争，害怕失败，当哥哥遇到困境时，他甚至暗自庆幸自己的保守。然而，当哥哥终于打开市场，获取丰厚回报时，弟弟却只剩下了后悔。

最终，哥哥建立了遍布全国的销售网络，而弟弟仍旧在原地徘徊。对于这种情况，《黑天鹅》中的一句话一语中的：“挡在你前面的，只有你自己。”

我们都有梦想，却常常在行动前犹豫。我们渴望机会，却不知机会往往需要自己去争取。多少次，我们在夜深人静时反思，为何别人总能抓住机遇，而我们却总是与机遇失之交臂？

成功的人告诉我们，财富和成功并非仅靠运气，更多的是靠着那股不服输的劲头和为了目标不懈奋斗的决心。他们知道，运气，其实是自己努力的结果。

想想我国的多位功夫明星勇闯好莱坞的故事，一个个年轻人，凭借对电影的热爱，从跑龙套开始，一步步积累经验，最终抓住机会，一跃成为国际巨星。

真正的机会，不是等来的，而是创造出来的。那些成功的人，从不等待机会，而是主动出击，创造奇迹。

所以，亲爱的朋友，不要再羡慕别人的好运。站起来，走出去，用你的热情和智慧去创造属于你的机会。记住，你才是自己命运的主宰。

从现在起，让我们打破迷思，不再让时间白白流逝。抓住每一刻，用来创造你的奇迹。学习新技能、拓展社交圈、参与活动——只要你愿意，机会无处不在。

当你开始主动出击，你会发现，那些曾经遥远的机会，正一步步向你走来。你会惊喜地发现，原来，幸运之神一直在你身边。

## 建议七　突破“梦想太遥远”的心理障碍

每个人都怀揣着对财富的渴望，但大多数人寄希望于天降好运，期待奇迹发生，带来人生的逆袭。

我们都有过梦想，或许是站在职业的巅峰，或许是拥有健康的体魄，抑或是实现财务自由、周游世界。梦想，就像是夜空中最亮的星，为我们指明前行的方向，激发我们奋斗的动力。但遗憾的是，很多时候，我们只是在仰望星空，却忘记了要脚踏实地。

别让梦想成为空中楼阁，特别是在财务规划的道路上，太多人怀揣着实现财务自由的梦想，希望有一天能够随心所欲，不再为金钱所困。但梦想与现实之间，似乎总隔着一道难以逾越的鸿沟。问题在于，他们缺乏一份将梦想落地的详细行动计划。

为了跨越这道鸿沟，我们需要制订一份切实可行的行动计划。它不仅是连接梦想与现实的桥梁，更是我们在遭遇困难时的指南针，帮助我们迅速调整方向，继续前进。

那么，如何才能制订出这样一份行动计划呢？首先，我们要将长远的目标细化为一个个短期、中期和长期的小目标。每完成一个小目标，都会给我们带来巨大的成就感，进一步点燃我们追求梦想的激情。

接下来，针对每一个小目标，我们要制订出具体的行动计划。比如，如果目标是储蓄一定数额的钱，那么我们可以规划每月的储蓄额度，减少非必要的支出，甚至寻找增加收入的途径。同时，也可以考虑通过投资理财来增加收益。

在执行行动计划的过程中，坚持与自律是不可或缺的。我们可以设定检查节点，评估进度，并根据实际情况做出调整。此外，与家人和朋友分享我们的目标和计划，也能让我们感受到更多的支持和动力。

总之，梦想远大，我们只有通过制订和执行具体的行动计划，才能一步步靠近它。现在，就让我们携手共进，用实际行动去追寻那些曾经遥不可及的梦想吧！

读完本节，你是否也跃跃欲试，想要为自己的财务目标制订一份行动计划呢？不妨尝试一下，将你的大目标分解为小目标，并列出具体的行动计划。记住，每一步都很重要，每一次的尝试都是向梦想迈进的一大步。加油，你一定能行！

## 建议八 改掉“无谓消耗不懂拒绝”的习惯

在这个快节奏的世界里，我们每个人都被各种事物所吸引，常常会从我们真正想要做的事情上分心。美国心理学协会的《心理学词典》将分心定义为“打断注意力的过程”，它会让我们远离自己目前想要做的事情。这种分心就是一种无效消耗，就像有一个小偷，悄无声息地偷走了我们的时间和精力。

分心如果成为一种习惯，可能会让我们失去保持专注的能力。而专注，恰好是我们在工作和生活中激发创造力的重要因素。那么，我们如何在这个充满干扰的世界中保持专注呢？

让我们来听听那些财富与成功兼得的人是怎么说的。他们给出了一个共同的答案——学会拒绝。拒绝并不意味着冷漠，而是一种智慧的选择。在这个快节奏的时代，我们每个人的时间和精力都是有限的。财富与成功兼得的人深知，只有把自己的时间和精力投入真正重要的事情上，才能取得卓越的成就。

想象一下，你身处繁忙的职场，四周充斥着无数的会议邀请、项目提案和请求。在这样的环境中，你如何保持自己的专注和高效？有一位知名企业家，他的日程总是排得满满的。然而，他始终能够保持高效的工作状态，秘诀就是他懂得如何拒绝。对于那些与他的主要目标无关的会议或项目，他会委婉地拒绝，从而确保自己有足够的时间和精力去处理真正重要的事情。

拒绝，其实是一种自我保护。它让我们避免无谓的消耗，将更多的时间和精力投入自己真正热爱和重要的事情上。这不仅能帮助我们更快地实现自己的目标，还能让我们的生活更加有序和高效。

当然，拒绝也需要一定的技巧和艺术。我们可以学习使用委婉的语言来表达自己的决定，并给出合理的解释，以避免尴尬或产生误解。比如，当别人邀请你参加一个与你目标不符的活动时，你可以说："谢谢你的邀请，但这个活动可能与我当前的计划不太相符。我希望能把更多精力放在我正在进行的项目上。希望你能理解。"

此外，我们也要学会倾听和理解别人的需求。拒绝并不意味着完全不顾及他人的感受，我们可以在拒绝的同时，提供一些其他的建议或帮助，以显示我们的关心和支持。

现在，是时候重新审视你的时间和精力分配了。学会拒绝，让你的生活和事业更加高效、有序。想一想，你在日常生活中有哪些无谓的消耗？如何有效地避免它们，将时间和精力投入真正重要的事情上呢？

让我们从今天开始，学会向无谓的消耗说"不"，专注于你真正热爱和重要的事情。记住，只有敢于拒绝，我们才能真正聚集精力，走上财富自由之路。

## 建议九 打破“赚钱就是终点”的局限

在人生的旅途中，财富的积累无疑是我们重要的追求。谁不渴望拥有充足的财富，享受无忧无虑的生活呢？然而，获取财富并非我们的终极目标。试想，有多少人劳碌一生，却因为不善理财，最终财富化为乌有。这显然不是我们所期望的结果。

让我们来探究“理财”这一概念的深远意义。从《易经》中的“理财正辞”，到《尚书》《大学》中关于财富积累的智慧，古人对于理财的思考早已相当深入。

在现代社会，许多人对“理财”的理解仍然局限于几个简单的等式：理财等同于储蓄、投资、购买保险，或是这些行为的简单组合。然而，这种看法实在是狭隘。

个人理财的核心目标，是高效地规划和利用有限的财务资源，以实现生活满足感的最大化。个人理财规划是一项全面而深远的工作，它关乎我们的一生，而非仅仅某个阶段。在不同的生命阶段，我们的财务状况和需求各异，理财目标也随之变化。因此，理财规划的基础是对我们生命周期的理解。

个人理财的终极目标，是实现个人及家庭的财务目标，实现长期的财务安全和财务自由。财务安全意味着对现有财富拥有信心，相信它足以应对未来的支出和生活目标，而不会出现财务危机。财务自由则是指个人或家庭的收入主要来源于投资而非工作，当投资收益能够覆盖所有支出时，我们就达到了财务自由的状态。

在管理财富的过程中，财务管理是基础。它不仅是一张收支表格那么简单，它更像是一座金字塔的基石。你得先有个计划，知道自己的钱都花在哪儿了，哪些是必要开销、哪些是冲动消费。这样，你才能更好地掌控自己的财务状况，为未来的财富增长打下坚实的基础。

当我们有了一定的财务基础后，接下来要做的就是资产配置了。这就像是把鸡蛋放在不同的篮子里，以减少风险。你得看看自己的风险承受能力如何，是喜欢刺激点儿的投资，还是喜欢稳健型的投资。比如，如果你觉得股市有风险，那就买点儿房产或者黄金，分散一下风险。当然，这也不是一成不变的，市场变幻莫测，你得随时调整自己的资产配置。

投资增值是一门艺术，需要我们紧跟市场动态，洞察行业趋势，精心挑选投资产品。这需要我们不断地学习、研究，甚至做好支付一些“学费”的准备。但只要我们用心，终将在投资的道路上找到属于自己的位置。

如果你觉得自己在投资方面不够擅长或缺乏时间，选择一位理财顾问也是明智之选。但请记得，选择理财顾问时，要仔细考量其专业能力与责任感。

总的来说，赚钱固然重要，但如何管理和运用金钱更为关键。借助合理的财务管理、明智的资产配置和精心的投资增值策略，我们才能逐步实现财务自由。

在后续的内容中，我将分享真实的案例，帮助你更深刻地理解这些概念，并能够在实际生活中运用它们。包括我如何通过精明的财务管理实现财富增长，以及如何通过策略性的资产配置，让赚来的每一分钱稳健增值。

## 建议十　小心“沉溺舒适圈”的甜蜜旋涡

在美国，有一位勇敢的女作家芭芭拉·艾伦瑞克，她决定深入探索美国底层社会的艰辛。为了亲身体验那些挣扎在贫困线上的人们的生活，她隐藏身份，踏入这个陌生的世界，从事过服务员、旅馆工作人员、清洁工等工作。她的这段经历被详细记录在了《我在底层的生活》这本书中。

这本书既幽默又沉重，透露出无尽的辛酸。读完后，你会深刻地意识到，对于那些身处底层的人们来说，想要摆脱那种仿佛西西弗斯推巨石般的无尽劳苦，唯有一条出路：摆脱舒适圈，投资自己，不断破局。

时间和金钱，是我们提升自身竞争力的两大武器。无论是考取一个职业资格证，还是学习一门新语言，抑或是磨炼一项技能，都能为自身增添价值。在这个自由市场上，更多的机会和更高的薪水，总是留给那些更有准备的人。

我注意到，身边那些财富与成功兼得的人，有个共同之处——持续地学习和成长。它如同翅膀，让他们飞得更高、飞得更远。他们敏锐地捕捉每一个机会，就像猎鹰盯着猎物一样，同时他们也十分舍得在自己的教育上投资。

在这个信息像洪水般汹涌的时代，学习新知识显得尤为重要。

那些财富与成功兼得的人心里清楚，要想不被时代抛弃，就得紧跟时代的步伐。所以，他们愿意投入时间、金钱来充实自己。无论是参与高端课程、研讨会，还是研读行业报告、专业书籍，他们都甘之如饴。

但这种投入，绝不是盲目跟风。他们会根据自己的职业规划、人生目标，精挑细选学习的内容和方式。因为他们知道，只有对症下药，才能事半功倍。因此，他们会审视自己，找到最适合自己的学习之路。

更难能可贵的是，他们明白学习是个漫长的过程。在这个过程中，他们始终保持着谦虚的心态，愿意向他人学习，并不断反思，以实现进步。这样的态度，让他们在职业生涯中屡创佳绩，也为他们积累了更多的财富。

我们工薪族，也能从中学到些什么。无论你是在职场打拼，还是追求个人发展，都离不开持续地学习和成长。只有不断提升自己，我们才能在这个变幻莫测的社会中站稳脚跟。

只有真正看重并投资自己，我们才能一飞冲天，勇敢追梦。别忘了，成功的秘诀之一就是不断地学习和成长。

# 思维革命：打破常规，开启财富之门

在这个充满变革与机遇的崭新时代，每个人都在追寻着属于自己的成功之路。然而，那些根深蒂固的传统思维模式，有时却成了导致我们错失良机的无形锁链。本节将引领你打破思维的枷锁，开启成功与财富积累的新篇章。

我们常被灌输"勤劳致富"的传统观念，但在科技迅猛发展、全球化竞争日益激烈的今天，这一观念已不足以撑起我们的梦想之帆。我们需要拥抱一种全新的思维方式，以适应这个瞬息万变的世界。

新职业青年的成长与发展、职业观念与生活特征，不仅成为新的文化现象，更与国家的未来发展息息相关。

新职业的出现，不是昙花一现，也不是职业内容的简单更新，它体现了我国经济发展与产业升级的前沿方向，是技术进步、组织与商业模式变革，以及需求升级带来的长期趋势的体现。

面对人口老龄化这一社会新挑战，一家物业公司的员工为智能水表开发出了新的用途——监测独居老人的安全状况。这一简单的思维转变，不仅为老人的安全增添了保障，也让物业服务更加温馨，而这位员工也在自己平凡的工作中得到了更多的成就和财富。

罗振宇在“2022‘时间的朋友’”跨年演讲中，分享了这个故事，并启发我们：无论是公司还是个人，都应将自身发展融入社会全局利益中，通过解决他人的问题来解决自己的问题。面对困境，我们要学会“腾挪”，以智慧和策略，发现无处不在的破局机会。

实际上，除了人社部已公布的74个新职业，我国还存在着许多尚未被官方认可，但从业规模已十分可观的新兴职业。密室设计师、剧本杀NPC、整理收纳师、改娃师、芳香治疗师、AI提示词工程师……这些新奇小众的职业，正逐渐走进人们的日常生活。

这些看似跟你毫不相关的事情，实际上都可以为你增加财务收入提供借鉴，增加财务收入也是实现财务自由的重要一步。

在打破常规的路上，往往伴随着失败，但正如克莱顿·克里斯滕森在《创新者的窘境》中所言，成功的公司在面对破坏性创新时失败，并非因为做错了事情，而是因为它们做了正确的事情。这一观点，不仅适用于创业者，也适用于我们每个人。每一次失败，都是向前迈出的一步，让我们吸取教训，不断完善自我。

除了财务收入的思维创新，财富积累策略的创新也同样重要。许多人试图通过短期的市场波动来快速获利，而不是利用复利的力量。“指数基金之父”约翰·博格曾说，“时间是你的朋友，冲动是你的敌人”。这意味着，通过长期的视角进行投资，让资金随时间的流逝而增长，耐心和长期的投资策略通常会带来更稳定的回报。

在接下来的章节中，我将与你一起探索通过思维革命开启财富之门的具体实施路径。

我将向你展示如何将你辛苦赚来的每一分钱，构建成一个整体的财务计划，并将其打造成一台赚钱机器，让你在安睡时也能持续增收。

通过几个简单的策略，你就可以创建有保障的收入流，并且能够按照自己的想法建立、管理、享受自己的终身工资。这不仅是一种可能，许多类似的投资机会，如今工薪族都可以抓住。

在这个时代，传统思维已难以引领我们走向成功。让我们一起勇敢地迈出这一步，去拥抱属于我们的美好未来！

## 拥抱财富的策略与实践

在这个忙碌的世界里，很多人感到迷茫，不知道该如何提高自己的收入，觉得光是工作就已经筋疲力尽，更不用说抽出时间和精力来进一步提升了。

当我们年轻时，一个月赚 5000 元似乎并不难，但随着年龄的增长，如果你仍然依赖固定的打工模式，你会发现生活变得越来越艰难。因为时间在减少，身体状况在变差。

按照常理，到了一定的年龄，我们会成家立业，开始购买房子和车子这样的大额消费品。而我们之所以感到痛苦，是因为我们的“花钱效率”远高于“赚钱效率”。随着年龄的增长，家庭支出和孩子、老人的需求也在增加，而时间是不能被分割的，这也是我们感到生活越来越艰难的原因。

改变的关键在于，将注意力从“赚钱的数目”转移到“赚钱的效率”上，这是赚大钱的第一步。提高赚钱的效率，目的是为自己找到一种模式，能在长时间内，在投入同样多时间的前提下，让收入翻倍。

早日打造财务自由的通路，便能早日从为钱奔波的状况中解脱。

那么，如何增加主动劳动获得的收入呢？这里有一招教你如何让钱追着你跑！

你是否想过，钱其实不是挣来的，而是当你解决了别人的问题后，获得的回报？如果你明白了这一点，就会发现，赚钱其实可以变得非常简单。

### 理解金钱的本质

钱是解决别人的问题后获得的回报。每个人都有痛点，这些痛点，就是需求，就是机会。列出你生活中遇到的问题，思考如何将这些问题转化为服务或产品。

### 社交能力是赚钱的关键

社交能力就是会说话，会送礼物，能搞定绝大多数人。社交不仅是交流，更体现了一种能力，一种能让你在人群中脱颖而出的能力。每天练习和不同的人交流，学习如何送礼物，如何说好话。

## 懂人性，懂社交，懂主次

赚钱的人必须懂得人性，懂得社交，更要懂得分清主次。先爱自己，再爱别人。自己的事永远优先，重要的事情永远优先于次要的事情。制订优先级列表，每天按照列表行动。

## 抓住用户的痛点，弥补自身的缺点

如果你不擅长社交，那就记住两点：会说话，会送礼物。这两点，足以让你在社交场合中游刃有余。或者参加社交技能培训，学习如何更好地与人沟通。

## 赚钱的黄金准则

成功是主，其他都是次。只要你记住这个，什么流言蜚语，什么自尊面子，都不重要，怎么成功最重要。设定一个长期目标，所有行动都围绕这个目标进行。

理解金钱的本质，抓住用户的痛点，提升自己的社交能力，分清主次，你就能打开财富的大门。之前你赚钱不够快，原来是一项能力没有被完全运用，或是一份时间没有被充分利用的缘故。

请记住，你的价值决定了你的定价。收入，是你的业务能力的最好证明。

这个社会就是这样的，每个人都在用力，多数人都在努力，但只有少数人，才会尽全力，所以他们才成为成功的少数人。

在当下的社会，自媒体平台的参与门槛很低，但留存的门槛很高，有个手机号就能注册账号，有台电脑会打字就能输出。而输出，是把你的价值放大的唯一途径，因为只有通过输出你知道的东西，你擅长的、你热爱的事物，也就是你的价值，你才会被大众知道，才会被跟你有同样目标的人认同。所以请你永远记住，输出力就是影响力。

我经常鼓励身边的朋友和客户追求更好的生活。我擅长发现他们的闪光点，并帮助他们将这些闪光点放大。比如，我有一位朋友非常擅长省钱并享受品质生活。她能用比同类行程少近乎一半的钱出去旅行。我就极力推荐她开设一个自媒体账号，分享她的省钱攻略。这不仅能增加她的收入，还能让更多人受益。

启发我要改造自己主动赚钱模式的一本书，是布赖恩·费瑟斯通豪的《远见》，这是一本关于职业规划和个人发展的书，它强调了在职业生涯中采取长远视角的重要性。如果你考虑彻底改变职业方向，可以采用书中的长期规划方法，逐步过渡到新的领域，而不是急于求成。可以在当前的职位上，依据书中的建议，制订一个长期的学习计划，不断提升自己的技能和知识水平，以适应未来可能的工作需求。在考虑接受一个新的工作机会时，不仅要考虑薪资和职位，还要考虑这个机会是否符合你的长期职业规划和个人价值观。

这本书给出了人生职业规划的思考模式，启发我要开始考虑终身事业的方向，让我分析和反思之前的工作对未来发展的影响，我有哪些优势、我需要做些什么。

也是这本书，让我开始思考自己的“个人商业护城河”。我把这条“护城河”视为别人难以逾越、不可替代的唯一壁垒。对你来说也是一样的，那就是你自己是独一无二、无法超越的。前端思想决定后端行动，你给自己的定位，决定了跟你相关的那件事情是什么。

## 不要小看每一分钱的力量

在这个充满财富故事的世界里，我们常常被那些成功人士的光环所吸引，却忽略了他们背后的理财智慧。我们总以为有钱人的世界离我们很远，却不知，理财的艺术就隐藏在生活的每一个角落里。今天，就让我们一起来探索理财的秘密，让每一分钱都为你所用。

别小看那一分一厘，它们是财富的种子，潜藏着巨大的能量。在理财的道路上，每一分钱都值得被珍视。无论你的起点有多低，只要开始积累，时间的力量就会让这些小小的种子开花结果。

记得刚工作时，我的薪水并不多，但我坚持每月存下一部分。几年后，这笔钱成了我投资理财的起点。虽然最初的投资收益并不高，但我相信，只要坚持，总会有所收获。

如今，我已经通过努力工作和投资理财实现了财务自由。我明白，想要拥抱财富，不仅要主动工作赚钱，还要让钱为你工作。理财的目标，就是让你的资金跑赢通货膨胀，实现真正的增值。

理财的艺术在于资产配置。量力而为，分散风险，这是理财的两大原则。你的本金规模决定了你的投资策略，而投资的成功往往在于稳中求变。如果你是投资新手，那就跟随大趋势，抓住市场的机遇。

## 投资的智慧：多元化与耐心

投资不是赌博，而是一场精心策划的战役。通过多元化投资，我们可以分散风险，提高收益的稳定性。而时间，是投资最好的朋友。长期投资，让复利效应为你工作，让财富在时间的积累下不断增长。

在理财的道路上，每一个决策都像是在棋盘上落下的一枚棋子，需要深思熟虑。比如很多人考虑是否提前还房贷。这不仅是一个财务选择，更是一个涉及整体资产配置和收益最大化的复杂决策。

当有人问我是否应该提前还房贷时，我总会深入了解他们的具体状况。询问房贷利率及他们的其他投资收益，是我在给出建议前的首要步骤。

举个例子，假设你的房贷利率固定为 3%，这是一个相对较低的利率。与此同时，如果你在投资市场有所涉猎，并且你的投资年化收益率能够稳定在 3% 以上，甚至能触及 5% 或更高的水平，那么在这种情况下，提前偿还房贷并不是一个明智的选择。

原因在于，你手中的资金具有更高的增值潜力。当你的投资回报能够覆盖甚至超过你的房贷利率时，你实际上是在利用银行的钱进行投资，同时自己的资金还在不断增值。这就像是将你的资金的天花板从原本的 3% 提升到一个更高的层次。

这种策略不仅能让你的资金保持更大的灵活性，以便随时抓住市场上的投资机会，而且还能确保你的资产在不断增值的过程中，不会被房贷的固定利率所限制。因此，在做决策时，我们应该从全局的角度审视自己的资产配置，而不是仅仅局限于眼前的某一项负债。

当然，每个人的情况都是独一无二的。在做出是否提前还贷的决定前，需要综合考虑多方面因素，包括但不限于个人的风险偏好、投资能力、资金流动性需求等。总的来说，如果你的投资收益率能够稳定地超过房贷利率，那么保留资金用于投资，而不是提前还房贷，通常是一个更为划算的选择。

当然，如果你没有能超过 3% 投资收益的渠道，房贷给你的心理压力又很大，那么提前还房贷对你来说是个比较好的选择。但在这里我还是想鼓励你不要停留在固有的理财方法中，通过不断拓宽你的理财知识面，提升理财能力，你的每一分钱都能为你赚取更多的钱。

理财的最终目标是实现财务自由。借助合理的资产配置和投资策略，我们可以确保自己的财富不会因通货膨胀而贬值。就像我的第一笔大额资产就是房子，买房靠的不是全款，而是杠杆。学会借力，是理财的重要一课。

## 财务自由之路：五步走

最终实现财务自由的路径总结起来就五步：努力工作、节省开支、学习投资知识、多元化投资和长期投资。我们寻求的突破，不应该是成为下一个巴菲特这样的幻想，而是如何在普通人中变得稍微不那么普通。这样的目标更加实际，也更容易实现。

心中有财务自由的目标，就不要只停留在“想”上面。不要给你的不行动找任何借口。一切的“不着急”，最后都会变成“来不及”。想的都是问题，做了才有答案。

分析了很多创富故事之后，我发现如果能抓住时代机遇，我们工薪族也能让资产快速增值。实现可能性的前提是看到可能性。如果你都没有看到这些选项，就无法比较优劣，也就无法做出真正“最优的选择”。

现在我们有了更多的理财工具和方法，但存钱增值的本质没有变。银行的定期存款、各种理财产品，甚至是在股市投资，都是为了让我们的资金增值。而最好的入场时间点，就是在可投资品比较便宜的时候。

我一直践行巴菲特的投资理念，一定要把保证本金安全放在首位，用长时间来赚钱。无论是哪种规模的投资，只有赚得稳，才能赚得快。

如果你说，“我没有钱，也找不到其他的投资渠道”，在我看来并不是“贫穷限制了想象力”，而是因果关系错了，是缺乏创新，限制了你变得富有。为什么会缺乏创新呢？因为没有看到更多的选项与可能。

如果你认为自己没有这个天赋，或者没有时间精力，可以找个专业的理财师来帮你搭建你的理财体系，提供日常咨询并陪伴你的长期投资。在投资的过程中，一定要分散再分散，这世上没有一个绝对安全的资产，但当你把资产分散得足够广时，就可以降低投资风险、提高收益稳定性。

在进行资产配置时，我们应该学会借鉴这些成功案例中的智慧经验，勇于尝试新的投资方式和领域，同时保持理性和耐心，以实现个人资产的长期稳健增长。

## 理财的艺术，生活的智慧

理财不仅是一门艺术，更是一种生活的智慧。它教会我们如何珍惜每一分钱，如何让每一分钱为我们工作。它不是一夜暴富的魔法，而是细水长流的智慧。通过理财，我们可以更好地规划自己的生活，实现自己的梦想。

在本书的第三部分，我们将进一步探讨适合工薪族的低门槛投资方式，分享更多实用的理财工具和策略。我们将一起学习如何通过资产配置来提升我们的生活质量，如何让我们的财富在时间的考验中稳步增长。

理财的道路不会总是一帆风顺，但只要我们坚持不懈，保持学习和进取的心态，我们就能在这条路上越走越远、越走越稳。让我们一起拥抱理财的智慧，让每一分钱都为我们创造出更多的价值。

记住，理财不仅是为了积累财富，也是为了实现生活的自由，更是为了给我们的生活增添更多的可能性和色彩。让我们一起开启这段富有意义的理财之旅，让每一分钱都成为我们通往幸福生活的基石。

## 建立人脉网络

在互联互通的时代，人脉资源的重要性日益凸显。我们身处一个信息爆炸、机遇与挑战并存的社会，要想在这个大环境中脱颖而出，不仅需要扎实的专业技能，更需要广泛而深厚的人脉网络作为支撑。通过社交活动、社交媒体等多种渠道，我们能够不断扩大人际圈子，结识更多志同道合的朋友和潜在的合作伙伴。

在追求财富积累的道路上，人脉的力量不容小觑。一个人的人脉网络，往往能在关键时刻为其提供宝贵的资源和帮助。想象一下，当你手握一个具有市场潜力的创新项目，却苦于资金短缺时，那些平日里建立的人脉网络就可能成为你的“救命稻草”。也许是一位久未联系的老友突然伸出援手，也许是一个业界大佬对你的项目产生了浓厚兴趣，这都有可能为你的事业成功助力。

### 建立和维护人脉网络的六大法则

为了建立和维护人脉网络，我们需要付出真诚和努力。主动参加各类社交活动，不仅能够开阔我们的视野，还能够让我们结识各行各业的精英。在社交媒体平台上积极互动，分享自己的见解和心得，也能吸引到志同道合的朋友。当然，更重要的是要懂得如何去经营和维护已有的关系，让每一次的交流都成为深化友谊的契机。

为了帮助你更好地建立和维护人脉网络，我提供以下具体方法。

- **主动出击**：参加各类社交活动，如行业交流会、商务聚会、慈善晚宴等，结识来自不同领域的朋友和合作伙伴。
- **线上互动**：在社交媒体平台上关注行业动态和人物，与他们互动、交流，建立线上人脉关系。
- **加入社群**：加入与自己行业或兴趣相关的专业社群，与行业人士交流，分享经验和资源，共同成长。
- **定期联络**：与朋友和合作伙伴保持联系，分享彼此的近况和需求，互相支持和帮助，维护和加深人脉关系。
- **提供帮助**：在人际交往中，主动提供帮助与支持，关心他人的需求和困难，以真诚和善良赢得他人的信任和友谊。
- **自我提升**：通过不断学习、提升自己的专业能力和人际沟通能力，增强自己的人脉吸引力，使他人更愿意与你建立联系。

除了传统的人脉积累方式，我们还可以借助现代科技的力量。比如，利用专业的社交平台或App来管理和追踪人脉信息，这样不仅能提高效率，还能更精准地把握每一个机会。

当我们谈论人脉的重要性时，我们也不能忽视其中潜在的风险。毕竟，人脉是把“双刃剑”，用好了能助你平步青云，用不好则可能让你陷入困境。因此，在拓展人脉的同时，我们也要学会筛选和鉴别，以确保自己建立的是健康、积极的人脉网络。

我想要强调的是创新思维在财富积累的过程中的核心作用。在这个日新月异的时代，只有不断创新，才能在激烈的竞争中脱颖而出。而人脉网络，正是激发创新思维的重要渠道。通过与他人交流，进行思想碰撞，我们能够发现新的机会和可能性。

## 行动指南：将理论转化为实践

为了帮助你将理论知识转化为实际行动，我特意制订了一份行动计划。

首先，明确自己的财富积累目标，制订相应的计划和策略，写下你的“财富日记”。通过阅读、学习、交流等方式，不断拓展自己的思维边界，激发创新灵感。从列出你目前的人脉资源开始，明确哪些是可以为你提供帮助的“贵人”。

其次，制订一个定期参加社交活动的计划，运用本书所提供的技巧和方法，积极拓展自己的人脉资源。同时，也要记得时常与朋友和合作伙伴保持联系，维护你的社交网络。

最后，一定要记得，定期评估自己的行动和成果，根据实际情况调整计划和策略。

只要你在实践中不断地积累经验，就一定会提高自己的财富积累能力。

我希望你能够真正理解人脉的力量，并将其转化为实现财富目标的强大动力，以全新的视角看待人脉与财富的关系。

在这个过程中，创新思维将是你最宝贵的武器，而人脉网络则是你实现梦想的坚实后盾。

## 将知识转化为财富

想要把理财知识转化为实实在在的财富吗？在你即将踏上理财之旅的时候，我为你精心准备了一份实用的行动计划，通过小测试和财富日记，让你在理财的道路上更加稳健地前行。

### 人脉力量自我检验：小测试

你是否真正掌握了人脉管理和财富积累的知识？通过以下小测试，我们来一探究竟。

找个静谧的角落，平心静气，准备好纸笔或你的电子设备，我们开始吧！

**1. 人际关系的建立**

你会如何在一个新环境中快速建立联系？

A. 主动介绍自己，寻找共同兴趣

B. 等待他人先来接触

C. 通过共同的朋友或同事介绍

**2. 团队合作**

当团队成员意见不一致时，你会怎么做？

A. 积极倾听，尝试找到共识

B. 坚持己见，尝试说服他人

C. 避免冲突，不表达自己的意见

**3. 信息共享**

你会如何与人脉网络中的成员分享有价值的信息？

A. 通过社交媒体和邮件定期分享

B. 只在被问到时才会分享

C. 只在信息对自己有利时才分享

**4. 人脉维护**

你多久联系一次你的人脉网络中的成员？

A. 每周至少一次

B. 几个月一次

C. 只有在需要帮助时才联系

**5. 网络拓展**

你如何拓展你的人脉网络？

A. 参加行业会议和社交活动

B. 主要通过现有联系人介绍

C. 不主动拓展，顺其自然

**6. 信任建立**

当与人建立信任时，你最看重什么？

A. 诚实和一致性

B. 个人利益和回报

C. 社会地位和影响力

**7. 冲突解决**

遇到人脉中的冲突，你通常如何处理？

A. 积极寻求解决方案

B. 避免直接对话，寻求第三方帮助

C. 忽略冲突，希望它能自行解决

**8. 人脉记录**

你如何记录和管理你的人脉信息？

A. 使用专业的人脉管理工具

B. 用电子表格或笔记本

C. 依靠记忆

**9. 价值提供**

你认为在人脉关系中最重要的是提供什么？

A. 互相帮助和支持

B. 信息和资源

C. 金钱和物质利益

**10. 人脉策略**

你如何制订人脉管理策略？

A. 设定明确的目标和计划

B. 随遇而安，没有具体的策略

C. 模仿他人成功的策略

**答案解析：**

- 答案 A 通常代表积极主动和开放的人脉管理方式，这是建立和维护良好人际关系的关键。
- 答案 B 可能表明你在人脉管理上采取观望态度，这可能会限制你的人脉网络的拓展和深化。
- 答案 C 可能意味着你更倾向于自我保护或以自我为中心的人脉管理方式，这可能会影响你建立深层次和持久的人脉关系。

通过这个小测试，你可以评估自己在人脉管理方面的优势和需要改进的地方。记住，人脉管理是一个持续的过程，需要耐心和策略。通过不断地学习和实践，你可以有效地管理和拓展你的人脉网络，从而在职业和个人生活中取得更大的成功。

## 财富成长的见证：财富日记

想要追踪你的财富成长轨迹吗？财富日记帮你轻松搞定！

下面，我将为你提供一个财富日记的参考内容范围。你可以根据自己的实际情况，选择适合你当前理财阶段的项目进行记录，让你的财富之路更加清晰可循。

1. 财务现状

在这一部分，你可以记录下自己的资产、负债以及每月的收支情况。这样，你就能更直观地了解自己的财务状况，为后续的理财规划打下基础。

2. 理财目标与计划

明确你的理财目标，比如短期内的购房计划、长期的退休规划等。接下来，制订实现这些目标的具体计划，包括投资策略、风险控制措施等。将这些目标和计划记录在财富日记中，有助于你时刻保持清晰的方向。

3. 投资记录与心得

每当你进行一笔投资时，都可以在财富日记中记录下投资的标的、金额、理由以及预期的收益。随着时间的推移，你还可以记录下每笔投资的实际情况和心得体会，以便总结经验教训，优化投资策略。

**4. 市场动态与机会发掘**

关注市场动态，记录下可能对你的投资产生影响的重大事件和政策变化。同时，积极发掘投资机会，比如关注新兴行业的发展趋势、寻找具有潜力的投资标的等。将这些信息和想法记录在财富日记中，有助于你捕捉更多的投资机会。

**5. 风险管理与调整**

在理财的过程中，风险管理至关重要。你可以在财富日记中记录下自己采取的风险管理措施，如分散投资、设置止损点等。当市场出现波动时，及时调整你的投资策略，以确保资金的安全和稳健增长。

财富日记记录表格设计如表 1-1 所示，你可以从下列选项中，挑选适合你的记录项目。

**表 1-1　财富日记记录表格**

| 日期 | 标题 | 内容 | 评估 | 结论 |
| --- | --- | --- | --- | --- |
| 2024-01-01 | 开始财富日记 | 记录开始撰写财富日记的原因和目标 | 制订财富积累的目标和计划 | 确定财富积累的长期目标，并制订实现目标的策略 |
| 2024-01-02 | 投资决策 | 分析并决定投资哪只股票 | 评估投资风险和预期收益 | 投资股票需要谨慎，需要不断地学习和调整策略 |
| 2024-01-03 | 生活感悟 | 反思生活中的消费习惯，并决定调整 | 审视日常开支，减少不必要的消费 | 控制开支是积累财富的重要一环，要养成良好的消费习惯 |
| 2024-01-04 | 储蓄计划 | 制订每月储蓄计划，并记录储蓄金额 | 设定储蓄目标，并跟踪储蓄进度 | 储蓄是财富积累的基础，要坚持定期储蓄 |

续表

| 日期 | 标题 | 内容 | 评估 | 结论 |
|---|---|---|---|---|
| 2024-01-05 | 风险评估 | 评估一个投资项目的风险 | 分析投资风险，确定是否值得投资 | 投资前要充分了解项目风险，避免盲目投资 |
| 2024-01-06 | 理财知识学习 | 学习理财知识，记录学习心得 | 提升理财能力，更好地管理财富 | 理财知识对财富积累至关重要，要不断地学习 |
| 2024-01-07 | 投资收益 | 记录投资收益情况，分析收益来源 | 总结投资收益，调整投资策略 | 投资收益是财富积累的体现，要关注投资收益 |
| 2024-01-08 | 财务规划 | 制订财务规划，记录规划内容 | 规划财务目标，分配资源 | 财务规划有助于实现财富积累目标，要定期审视和调整 |
| 2024-01-09 | 投资反思 | 反思最近的投资决策，总结经验教训 | 总结投资经验，调整投资策略 | 投资需要不断地反思和调整，要持续改进 |
| 2024-01-10 | 生活调整 | 调整生活方式，以更好地积累财富 | 审视生活习惯，寻找改进空间 | 生活习惯对财富积累有重要影响，要积极调整 |

本书的精髓，不仅在于培养你的财富思维，还在于为你准备了一份详尽的行动指南，从设定理财目标，到制订投资策略，再到培养良好的理财习惯，一步步带你走向成功。

拿起笔，或打开你的电子设备，开始你的理财之旅吧！记住，每走一步，就离你的财富梦想更近一点。加油！

第二部分

# 存钱之前要懂得：理财规划基础

# 带好你的装备：理财基础知识概览

在我们的日常生活中，金钱是不可或缺的一部分。我们为了生活而工作，通过工作获得收入，再用这些收入去满足我们的各种需求。然而，在这个过程中，你是否曾经产生这样的疑问：为什么每个月的收入总是不够用？为什么别人可以轻松地实现财务自由，而自己却总是陷入财务困境？其实，这些问题都与理财有关。

为什么我们需要理财呢？首先，理财可以帮助我们更好地管理财务，实现财务自由，提高生活质量。通过理财，我们可以对自己的收支进行合理的规划，避免浪费，使自己的财务状况更健康。其次，个人理财规划可以帮助我们规避风险，实现财富增值。在生活中，我们难免会遇到各种风险，如失业、疾病等。通过理财，我们可以提前做好准备，减少这些风险对我们生活的影响。

在现代社会中，理财对于个人财富增长和财务自由的重要性不言而喻。随着我国经济的快速发展，人们的收入水平不断提高，与此同时，物价也在不断上涨，生活成本也在增加。如果我们不能有效地管理自己的财务，那么即使收入再高，也无法实现财务自由。

因此，理财规划能够帮助每个人更好地管理财务，实现财务目标。

理财的普遍性和重要性使每个人都应该关注自己的财务状况。无论你是刚刚步入社会的年轻人，还是已经工作多年的职场人士，都需要对自己的财务进行规划和管理。只有这样，才能确保自己在未来的生活中能够拥有足够的资金去应对各种挑战。

你有没有想过，你的钱都花到哪里去了？你的资产配置是否合理？你是否为未来做了充分的准备？

这些问题，可能让你开始思考自己的财务状况，也可能让你对理财产生浓厚的兴趣。而这，正是我们接下来要深入探讨的内容。

理财，不仅是一种技能，更是一种生活态度。

在这个过程中，我还将提供一些实用的工具和资源，如现金流量表、收入支出和资产负债模板等，来帮助你更好地管理财务。同时，我鼓励你积极参与，加深对理财知识的理解。我相信，通过理财，每个人都可以实现自己的财务目标，过上更加自由、富足的生活。

## 理财的基本概念

在探索理财的奥秘之前，我们需要先理解三个基石：资产、负债和现金流。它们不仅是我们财务规划的起点，更是我们通往财务自由之路的关键。

**资产：**就是那些能为我们创造经济价值的“宝贝”。想象一下，你的银行存款、房产或股票，这些都是你的资产。它们有的可以随时变现，比如银行里的存款；有的则需要时间来释放其价值，比如你温馨的小家。

**负债：**简单来说，就是我们欠别人的钱。比如房贷、车贷，还有信用卡的欠款。负债管理可是个技术活儿，一不小心，它可能就会悄悄“吃掉”你的现金流。

**现金流：**它就像我们身体中的血液，源源不断地流动着。健康的现金流意味着我们的收入能够稳稳地覆盖支出，还有余力存点儿钱、投点儿资。想要理财得当，就得对自己的收入和支出了如指掌，然后好好规划一番。

你知道吗？资产负债表和收入支出表，可是理财的“两大利器”。资产负债表像个老古董，诞生于15世纪的威尼斯商人之手。而收入支出表则像是个新生代，近百年来才崭露头角。

想要现金流“健康波动”，就得巧妙运用资产和负债这两大杠杆。比如，投资点儿房产、股票或基金，让你的资产为你打工，源源不断地创造收入。同时，也得留意那些高利息的负债，它们可是现金流的“吸血鬼”，能少则少。

举个例子，张先生是个普通的上班族，但他对家庭财务的管理有条不紊。通过长期的理财规划，他为自己筑起了一道坚实的财务防线。当公司突然裁员时，他因为有足够的储蓄和投资收益，轻松过渡到了新的工作岗位。这，就是理财规划的魅力所在！

当然，理财可不是纸上谈兵。在这里给大家推荐一些实用的理财工具和策略。现金流量表和收入支出表可是你的得力助手，它们能帮你清晰地追踪每一分钱的去向，让你的理财规划更加精准。

另外，想要更深入地了解自己的财务状况吗？那就试试填写我提供的资产负债表吧！它能帮你更全面地审视自己的资产、负债和现金流状况，从而制订出更合适的理财策略。

理财不仅是一场数字游戏，它更是关乎我们生活品质和心理健康的重要课题。通过合理的理财规划，我们不仅能够应对生活中的各种挑战和风险，还能逐步实现财务自由的美好愿景！赶紧行动起来，让我们一起踏上这场充满智慧与挑战的理财之旅吧！

## 收入篇

在我们的日常生活中，工资无疑是最常见且稳定的收入来源。每月定时到账的工资，为我们提供了生活的经济基础。但你是否曾感到，这份稳定的收入似乎总被公司的薪资制度和个人的职位等级所限制？你每个月都期待着工资到账。但随着时间的推移，你发现自己的工资增长缓慢。建议你现在开始思考如何突破这个瓶颈。

除了固定的工资，奖金也成为我们期待的一部分收入。它通常与我们的工作绩效挂钩，作为对我们努力工作的额外嘉奖。但奖金的数额和发放的时间往往充满了不确定性，有时，甚至可能因为公司的业绩不佳而化为泡影。假如你的年收入中有很大一部分来自奖金，每到年底，你是否都会因为担心公司的业绩而备感焦虑？

金融市场的日益繁荣，使得越来越多的人开始通过股票、债券、基金等工具进行投资，以获得更高的回报。虽然这种收入的波动性较大，受市场环境的影响显著，但合理的投资组合，从长期来看，通常能为我们带来可观的收益。假如你能成功地构建一个多元化的投资组合，那么即使在市场波动的时候，你也能保持相对稳定的收益。

随着互联网技术的飞速发展，越来越多的人开始利用业余时间，在网络平台上提供自己的专业技能或服务，从而获得额外的收入。虽然这种收入不稳定，却为那些希望增加收入的人提供了一个新的途径。

我从 4 年前开始从事自由职业，在做完主业的同时，努力开拓副业——利用空余时间做自媒体博主，在网络上写理财攻略，逐渐积累了一批忠实的读者，也为自己带来了源源不断的收入。

为了增强我们的财务稳定性，多元化收入来源成为一个明智的选择。它不仅可以有效地分散风险，还能增强我们的财务安全性。

在制订理财计划时，不妨考虑自己的收入特点和风险承受能力，合理配置不同类型的收入来源，以实现长期的财务目标。

## 支出篇

在我们的日常生活中，支出总是伴随着我们。但你知道吗？明智地管理这些支出，不仅能让你的钱包更加丰满，还能为未来的梦想打下坚实的基础。本书将引导你明确区分必要支出与非必要支出，掌握管理预算的技巧，让你的财务之路越走越宽。

说到支出，我们首先要明确什么是必要的，什么是可有可无的。必要支出，就像我们生活中的“必需品”，比如水电费、食物费用等，这些都是维持日常生活的基础。而奢侈品、频繁的外出就餐或娱乐消费，虽然能给我们带来短暂的快乐，但并不是生活的必需品。

想要掌握自己的财务状况，预算管理可是关键。通过制订和遵守预算计划，我们可以清晰地看到每一分钱的去向，避免浪费，让财务更加稳健。

实施预算管理其实并不难。首先，我们要详细记录每一笔支出，无论是大额支出还是小额支出。这样，我们就能更清楚地了解自己的消费习惯。接下来，定期分析这些支出记录，看看有哪些是可以节省的。然后，根据收入和财务目标，制订一个合理的预算计划。当然，坚持执行这个计划也是很重要的哦！

想要优化自己的财务状况，削减非必要支出是一个有效的方法。比如，我们可以选择在家烹饪，而不是频繁外出就餐；可以取消那些并不常用的订阅服务；购物时，也要更加注重性价比，避免冲动消费。

在这个科技发达的时代，我们有很多工具可以帮助我们更好地管理财务。比如那些预算管理软件和应用程序，它们能帮我们更高效地追踪和管理支出。当然，我也为你准备了一套简单易用的“个人家庭财务管理系统”。只须翻到本书的最后，找到我的联系方式，发送“财务管理系统”，你就能轻松获取这个秘密武器，让你的财务管理更加得心应手。

记住，明确区分必要支出与非必要支出，并实施有效的预算管理，是我们每个人在财务管理上都应该掌握的基本技能。

为了方便你进一步学习和实践财务管理知识，本书特别提供了附录和资源推荐部分。在这里，你可以找到管理软件的链接以及更多实用的财务资源。希望这些能助你在财务管理的道路上走得更远更稳。

## 储蓄篇

生活总是充满了未知，突然的医疗支出、家庭变故，甚至车辆的突发维修，这些都可能给我们的经济生活带来冲击。所以，建立一个紧急基金，就像是为自己的生活准备一个“安全气垫”，当突发事件来临时，它能给我们提供资金支持，避免我们因资金短缺而手忙脚乱。

想要打造坚实的紧急基金，明确的储蓄策略和方法必不可少。定期储蓄是个简单易行的方法，每月固定存入一笔钱，不仅能培养我们的储蓄习惯，还能确保资金稳定增长。而且，通过强制储蓄，比如自动扣款或定期投资，我们能在不知不觉中积累财富。当然，选择合适的储蓄工具也很重要，无论是银行的定期存款、货币市场基金，还是其他低风险的投资产品，都可以考虑。

设定储蓄目标时，要根据自己的实际情况来。一个合理的储蓄目标应该是有挑战性但又可实现的。比如，设定每月储蓄收入的一定比例，如 10% 或 20%，这样既可持续又能确保目标的实现。坚持是实现储蓄目标的关键，可以通过自动化的储蓄计划来减少人为操作的烦琐和忘记储蓄的风险。

紧急基金不仅能帮你应对突发事件，更是你财务安全的坚实保障。当你遭遇意外时，它能为你提供足够的资金来应对，避免发生财务危机。以我的客户张先生的故事为例，他坚持每月储蓄一定金额作为紧急基金。后来，他被公司裁员，家人也在这时生病，而他的车也突然出现故障。这些事情同时发生，产生了巨大的经济压力。但他动用了紧急基金，这笔资金帮助他轻松渡过了难关。

在选择储蓄工具和策略时，要根据自己的风险承受能力和资金使用需求来决定。风险厌恶者可以选择银行的定期存款或货币市场基金；而愿意承担一定风险以换取更高收益的人，可以考虑债券基金或混合基金。同时，还要关注储蓄的利率和通胀率之间的关系，在确保资金安全的同时也能获得合理收益。

通过建立紧急基金、选择合适的储蓄工具和策略，并设定合理的储蓄目标，我们可以为自己和家人的未来提供坚实的财务保障。这不仅体现了一种负责任的态度，更体现了对未来生活品质的追求。所以，从现在开始，让我们行动起来，为自己的“钱袋子”筑起一道坚实的防线吧！

# 投资篇

在这个充满变化的世界里，有一种神奇的力量可以帮助我们实现财富增值，那就是投资。

投资，简单来说，就是用现有的资金去购买股票、债券、基金等金融产品，期待在未来的某一天，它们能为你带来丰厚的收益。每种投资产品都有它独特的性格和风险收益特征，就像人的指纹一样，独一无二。

股票，不仅是一张纸或者电脑屏幕上的数字，它体现着你对一家公司未来的信任和期待。当你购买股票后，你成为这家公司的一部分，它的成长和盈利，也将成为你财富增长的一部分。但是，股票市场的波动就像大海的波涛，时而平静，时而汹涌，你必须在追求高收益的同时，做好面对市场风险的准备。

债券，则像是金融世界中的“稳重先生”。它是一种债务工具，代表着发行方向你借钱，并答应按期支付利息和本金的承诺。相比股票，债券的风险较低，收益也相对稳定。如果你是一个风险偏好较低，追求稳定收益的投资者，那么债券可能是你的理想选择。

基金，就像是一个专业的投资团队，帮你把资金集中起来，进行多样化的投资。基金的种类繁多，包括股票基金、债券基金、混合基金等，它们为投资者提供了更大的选择空间。如果你缺乏专业知识或时间，基金可能是你的最佳选择。

在投资的世界里，没有免费的午餐。高收益往往伴随着高风险。股票可能让你一夜暴富，也可能让你血本无归。而债券虽然稳健，但收益也相对有限。

那么，如何找到风险与回报的平衡点呢？答案就是：分散投资。

分散投资策略，即将资金投入多种不同类型的投资产品中。这样做的好处是，当某一类资产表现不佳时，其他类型的资产可能会起到对冲作用，从而降低整体投资组合的风险。

在投资的过程中，采用合适的投资策略至关重要。多元化投资是一种被广泛推崇的策略。不要将所有的资金投资于单一资产，而是构建包含股票、债券和基金的多元化投资组合。通过将资金分散到不同的资产类别、行业甚至地域中，使投资者降低单一投资带来的风险。

除了多元化投资，还有哪些策略能帮你实现财富的稳健增长呢？定期定额投资是一个不错的选择。在固定时间投入固定金额，利用市场波动降低平均成本，长期积累财富。它可以帮助投资者养成良好的投资习惯，避免盲目追涨杀跌，从而在长期的投资过程中获得稳定的收益。

想象一下，无论市场涨跌，你都坚持每月投入一定金额，长期下来，你的平均成本会被摊平，这就是时间的力量。

投资的基本原理是利用资金的时间价值，通过承担一定的风险来获取收益。经济学原理告诉我们，市场效率和供需关系是影响投资产品价格的关键因素。

历史数据显示，长期而言，股票投资通常能带来较高的回报，但短期内波动较大。债券和基金则能提供相对稳定的收益。投资者应根据自身的情况，合理配置资产，以实现风险和回报的最佳平衡。

投资不是一场短跑，而是一场马拉松。了解投资的基本概念、风险与回报的关系以及投资策略，是每个投资者的必修课。这不仅能够帮助投资者做出明智的投资决策，还能够使投资者在复杂多变的金融市场中保持清醒的头脑，避免不必要的损失。通过不断地学习和实践，你可以在金融市场中稳步前行，实现财富的持续增长。

投资是一项需要谨慎和智慧的活动，我将在后面的章节中，对此特别展开讲解。通过深入了解投资产品、把握风险与回报的平衡点以及采用合理的投资策略，你也可以在金融市场中稳步前行，实现财富的持续增长。

## 开启你的个人理财之旅

在探讨理财的过程中，我们不难发现，理财不仅是一种管理金钱的手段，更是一种生活态度和智慧的体现。从理财的基础知识到具体的实践策略，每一步都蕴含着对未来生活的规划和期待。

现在，让我们开始制订个人理财规划，无论你是理财新手还是资深投资者，都有适合你的理财策略。

为了制订并执行个人理财规划，我们需要从以下几个方面入手。

### 1. 理解投资的基本概念

理财规划的基础是对投资产品的理解。股票、债券和基金是常见的投资产品，每种产品都有其特点和风险收益特征。了解这些产品的特性，有助于我们做出更明智的投资决策。

### 2. 风险与回报的平衡

在理财规划中，我们需要平衡风险与回报。不同的投资产品，其风险和回报程度也各不相同。我们需要根据自己的风险承受能力和投资目标，选择合适的投资产品。

### 3. 制订理财规划

理财规划应根据个人的实际情况来制订。一个合理的理财规划应该既具有挑战性，又具有可实现性。例如，我们可以设定每月储蓄收入的一定比例，如 10% 或 20%，这样既能保证理财规划的可持续性，又能确保目标的可实现性。

**4. 执行理财规划**

理财规划的执行至关重要。我们可以通过制订自动化的理财规划，如每月自动从工资账户中划转一定金额到投资账户，来减少人为操作的烦琐和忘记理财的风险。

**5. 理财规划的持续更新**

理财规划并非一成不变，我们需要根据生活和市场环境的变化进行调整。

最后，我想为读者提供一个通向财务自由的行动指南。从了解自己的财务状况开始，明确自己的收入和支出情况。设定具体的财务目标，并制订切实可行的理财规划。然后，选择合适的投资产品和策略，开始实践你的理财规划。最后，坚持学习和及时调整，不断完善你的理财规划，逐步实现财务自由。

在理财的道路上，我们需要不断地学习、实践和调整。只有这样，我们才能在这个充满变数的世界中稳步前行，实现自己的财务目标和生活梦想。现在，就让我们一起开启这段精彩的理财之旅吧！

# 财务自由地图：打造个人财富的黄金路径

财务自由，这个词在现代社会中越来越多地被人们所提及，但究竟什么是财务自由？简单来说，财务自由是指个人或家庭的被动收入能够覆盖其日常生活开支，从而使其不需要为了生计而工作，获得真正的自由。这种自由，不仅是经济上的，更是心灵上的解脱，让你有更多的时间和精力去追逐自己真正的梦想。

然而，实现财务自由，并不是一蹴而就的，需要我们有明确的目标、周密的规划以及持续的努力。

## 设计你的财富人生：从设定财务目标开始

你想要过上理想中的生活吗？你先要做的，就是制订你的财务规划目标！这不是简单地填几个数字就行，而是在绘制你美好生活的蓝图。

想象一下，你和你爱的人住在梦想中的房子里，孩子上着心仪的学校，父母在晚年也能过上舒适的生活……这一切，都从你的财务规划开始。

来，你也可以拿起笔，一起填写这份家庭财富现金流规划表（见表 2–1）。

请尽情畅想你心中的美好生活——不仅限于物质方面，更包括你和家人的精神追求和幸福感。

设定目标时，我们要记得遵循 SMART 原则。

Specific（具体）：目标要清晰、明确，比如“我想在 5 年内买下位于 ×× 区的房子”。

Measurable（可衡量）：用数字或具体指标来衡量你的目标，比如“房子总价为 300 万元”。

Achievable（可达成）：目标要符合实际，不可过高或过低。

Relevant（相关性强）：目标要与你的整体生活规划紧密相连。

Time–bound（时限明确）：给目标设定一个明确的时间限制，比如“5 年内”。

**表 2–1 家庭财富现金流规划**

| 资金需求 | | 目前年投入 | 今后追加 | 投资年限 | 领取金额 | 收益率 | 用什么资产解决? | 解决的时间点（一步到位 / 分阶段） | 投入总目标 | 投资目标总金额 | 已有资金 | 资金缺口 | 实现优先级 |
|---|---|---|---|---|---|---|---|---|---|---|---|---|---|
| 必须做 | 房屋贷款 | | | | | | | | | | | | |
| | 子女教育金 | | | | | | | | | | | | |

**续表**

| 资金需求 | | 目前年投入 | 今后追加 | 投资年限 | 领取金额 | 收益率 | 用什么资产解决？ | 解决的时间点（一步到位/分阶段） | 投入总目标 | 投资目标总金额 | 已有资金 | 资金缺口 | 实现优先级 |
|---|---|---|---|---|---|---|---|---|---|---|---|---|---|
| 待定做 | 子女婚嫁金 | | | | | | | | | | | | |
| | 父母医疗护理费用 | | | | | | | | | | | | |
| 已经落实 | 自己和子女的医疗费用 | | | | | | | | | | | | |
| | 自己和配偶的养老金 | | | | | | | | | | | | |

对于我们这些按月领薪的工薪族，生活费用、孩子的学费、房贷等开销总是接踵而至。而除了这些日常的小额支出，我们还须为未来可能产生的大额费用提前打算。

有时，我们可能为了一项急需的开支而挪用其他预算，比如张女士退休后本可以享受安逸的退休生活，然而，当儿子提出出国留学的愿望时，她原本的计划被彻底打乱。这个例子生动地展示了如果没有提前规划，即使是小概率事件也可能给我们的生活带来巨大的冲击。

虽然我们不能预知未来孩子是否会选择出国留学，但这种可能性仍须我们提前考量。为了避免因突发的大额支出而打乱生活节奏，提前做好资金储备显得尤为重要。

我们的财务目标并不是一成不变的。随着生活阶段和期望的变化，这些目标也要进行调整。每 2~3 年重新审视自己的财务规划，可以确保它始终与我们的生活步调保持一致。

在制订规划时，我们可以根据自己的实际情况，将目标分为“必须做”“待定做”和“已经落实”3 类。这样的分类有助于我们更有条理地管理自己的财务，并确保在追求目标的过程中，不会影响现有的生活质量。

我们在资金有富余的情况下做规划，不会因完成目标而影响目前的生活。

生活中总会有各种预料之外的开支，但只要我们提前做好规划，就可以避免许多不必要的焦虑和困扰。

## 厘清家庭财务脉络：梳理现金流

设定好未来的目标后，我们迈向成功的第二步，就是深入了解自家的财务状况。现在，让我们一起来梳理家庭的现金流。

记录和分析收支，是规划未来财务的基石。这样做不仅能帮助我们了解自己的赚钱本领和消费习惯，还能理清那些不必要的花费。更重要的是，基于这些信息，我们可以制订出精确的月度和年度预算。预算不仅约束我们的支出，更是实现财务梦想的基石。

年度收入支出表是个很好的工具，网络上资源丰富，你可以轻松地找到适合自己的表格。我推荐的这个版本附带了自动计算公式。

只须填入收支数据，它就能帮你算出每项收支的比例，以及每年的结余。这为你的下一步财务规划提供了有力的数据支持。

以我的客户王女士一家为例，他们一家居住在北京，夫妻二人都有稳定的工作。王女士丈夫的年薪为 50 万元，而她自己的年薪为 15 万元。此外，他们还有年终奖等收入。虽然目前两人都还未到退休年龄，养老金和企业年金暂为 0，但未来这些都是可期的收入。王女士与丈夫的年度收入见表 2-2。

**表 2-2 王女士与丈夫的年度收入**

| 项目 | 王女士的丈夫的收入（元） | 王女士的收入（元） | 合计（元） | 占比（%） |
|---|---|---|---|---|
| 工资收入（年） | 700000 | 200000 | 900000 | 100.00 |
| a. 固定工资 | 500000 | 150000 | 650000 | 72.22 |
| b. 年终奖金 | 200000 | 50000 | 250000 | 27.78 |
| c. 公司期权 | 0 | 0 | 0 | 0 |
| d. 养老金及企业年金 | 0 | 0 | 0 | 0 |

在这个时代，许多家庭已经不仅依赖工资生活，而是开始通过各种投资方式来增加财富。

下面我用通俗易懂的语言为你解释“利息分红”“资本利得”和“租金收入”这 3 个概念。

**利息分红：**是利息和分红的统称。你把钱存到银行或者借给别人，他们会给你一些额外的钱作为感谢，这部分额外的钱就是利息。比如你去银行存款，银行除了还你本金，还会给你一些利息。分红一般是公司赚钱后，把一部分利润按照股份分给股东。如果你是某家公司的股东，到了分红的时候，你就能按照你持有的股份比例拿到相应的红利。

**资本利得**：就是你买了一个东西（股票、房子、艺术品等），过了一段时间这个东西涨价了，你把它卖掉后赚到的差价。简单来说，就是你低价买进、高价卖出赚到的钱。比如，你买了一只股票，买的时候每股 10 元，过了一段时间股票涨到了每股 20 元，你卖掉后就赚到了 10 元的资本利得。

**租金收入**：就是你把东西租给别人使用，然后他们付给你的钱。比如你有一套房子出租，每个月租客会给你一定的租金作为使用你房子的费用。这些租金就是你的租金收入。

这些被动收入方式，能让你的资产在不需要你亲自参与的情况下，持续为你创造财富。

王女士和她的丈夫很有理财意识，他们每个月都会把结余的资金投入不同的理财项目中，因为工作繁忙，他们选择了由银行提供的低风险、收益稳定的产品进行投资。同时，他们还有一套房子出租，每月稳稳地获得 5000 元的租金收入，一年下来就是 6 万元。王女士通过这样的理财方式，实现家庭财富的稳步增长（见表 2-3）。

**表 2-3　王女士与丈夫的被动收入**

| 项目 | 王女士的丈夫的收入（元） | 王女士的收入（元） | 合计（元） | 占比（%） |
| --- | --- | --- | --- | --- |
| 被动收入（元） | 6000 | 60000 | 66000 | 100.00 |
| a. 利息分红 | 6000 | 0 | 6000 | 9.09 |

**续表**

| 项目 | 王女士的丈夫的收入（元） | 王女士的收入（元） | 合计（元） | 占比（%） |
| --- | --- | --- | --- | --- |
| b. 资本利得 | 0 | 0 | 0 | 0 |
| c. 租金收入 | 0 | 60000 | 60000 | 90.91 |

王女士是个理财达人，她不仅用手机软件仔细记录每一笔开销，还懂得如何将家庭开支规划得井井有条。接下来，让我们一起探讨王女士是如何梳理家庭年度开支的，特别是日常生活开支和其他生活开支这两大部分。

日常生活开支包含了我们平时生活中必不可少的各种费用。从基本的衣食住行到房屋水电、休闲娱乐、健康保养，每一笔都是我们生活开支的重要组成部分。

王女士对家庭的日常生活开支有着清晰的记录（见表 2-4）。让我们一起来看看她记录的数据。

**表 2-4　王女士家的日常生活开支**

| 日常生活开支金额（元） | | 占比（%） |
| --- | --- | --- |
| 日常生活开支总额 | 79200 | 100.00 |
| 衣（服饰、化妆品、美容美发） | 15000 | 18.94 |
| 食（在家 / 外出就餐、生活用品） | 36000 | 45.45 |
| 住（房租、家政、水电、物业） | 10000 | 12.63 |
| 行（交通、通信） | 7200 | 9.09 |
| 健康（健身、保健、体检） | 6000 | 7.58 |
| 休闲（社交、旅游、娱乐） | 5000 | 6.31 |

在日常开支之外，总有一些额外的支出，我们称为其他生活开支。这些支出贯穿在我们的生活之中。那么，这些开支都包括哪些

内容呢？

**父母赡养：**对于王女士来说，每年给双方父母各 1 万元的红包，不仅是孝心的体现，更表达了对长辈的关爱与尊重。虽然父母都有退休金，但这份心意是无价的。

**子女教育：**王女士的儿子今年 8 岁。她深知教育的重要性，因此为孩子报了几个兴趣班，每年花费约 3 万元。这不仅是对孩子未来的投资，更体现了对家庭未来的期望。

**礼尚往来：**在繁忙的生活中，王女士与其丈夫并不常参与热闹的社交场合，却始终保持着与几位挚友的深厚情谊。所以，每年他们都会预留出 2000 元的预算，用于与这些朋友偶尔的聚餐和轻松的闲聊。

**医疗：**人吃五谷杂粮，难免会有个小病小痛。医疗费用就包括了看病买药的钱，有时候可能还要支付住院费、手术费等。这部分开支虽然不是经常性的，但一旦需要，往往金额不小。尽管王女士和丈夫都有职工医保和公司提供的补充医疗保险，但仍有部分医疗费用需要自行承担。这部分费用每年约为 2000 元。

**贷款：**为了拥有温馨的家，王女士的家庭选择了贷款购房。每年需要偿还的贷款金额为 20 万元，虽然压力不小，但想到未来的美好生活，这份负担也变得甜蜜起来。

**保险：**为了给自己和家人提供全面的保障，王女士和丈夫都为家人购买了重疾险、医疗险和意外险。每年的保费支出为 2.6 万元，未雨绸缪，让家庭更加安心。

**金融投资：**虽然王女士的家庭目前还没有涉足金融投资领域，但他们明白投资的重要性。在未来的日子里，他们或许会考虑购买股票、基金等金融产品，为家庭的财富增长添砖加瓦。

王女士家的其他生活开支见表 2-5。

此外，王女士家每年会有 2 万元左右的上浮支出，多是临时支出。

表 2-5　王女士家的其他生活开支

| 其他生活开支 | 金额（元） |
|---|---|
| 其他生活开支总额 | 280000 |
| 父母赡养 | 20000 |
| 子女教育 | 30000 |
| 礼尚往来 | 2000 |
| 医疗 | 2000 |
| 贷款 | 200000 |
| 保险 | 26000 |
| 金融投资（定投、年金、投连） | 0 |

根据王女士家庭的收入和支出统计，这个家庭每年大约能有 58.7 万元的结余资金用于储蓄投资（见表 2-6）。

表 2-6　王女士家的年度结余情况

| 项目合计 | 金额（元） |
|---|---|
| 家庭收入合计 | 966000 |
| 家庭支出合计 | 379200 |
| 家庭年度结余 | 586800 |

## 家庭财务健康：如何盘点你的“宝贝”与“负担”

想要了解家庭的财务健康状况，首先，我们来一起翻翻家里的

“财产账本”，看看都有哪些宝贝。房子、车子、理财产品、金融投资产品，这些都是我们的财富小宝藏。如果你是个独立创业者，别忘了公司的股权和净资产也是家庭资产的一部分。

要全面了解家庭财务，就得拿出我们的神器——资产负债表。这张表就像是一张财务状况的“全家福”，捕捉了月末、季末或年末的所有信息。所以，记得定期给它“拍照”，看看你的“宝贝”和“负担”都有哪些变化。

**资产：**这些都是你的“宝贝”，包括现金、设备、房产等。想象一下，你打开钱包和家里的柜子，一眼望去，都是你的财富小宝藏。对了，品牌、专利这些无形资产也能变成钱，别忘了把它们也列入资产列表。

**负债：**这些就是你的“负担”。比如银行贷款、信用卡债务等，都是你需要还的“账”。如果你有独立的公司的话，可能还包括公司银行贷款、未付款项等。

让我们来看看王女士是如何根据自己的实际情况和风险偏好来打理财务的。她的储蓄大多静静地躺在银行里，一部分在活期账户中，随时准备应对日常开销；另一部分则投在了低风险的货币基金里，稳妥地赚取一点收益。她很有远见，为了孩子和自己的家庭，还特意购买了一些储蓄保险，为未来增添一份安心。

王女士的家产也颇为可观。他们拥有一套自住房产，市值约500万元，是一家人温馨的避风港；还有一套出租房，市值约400万元，每个月都能带来稳定的租金收入。此外，家里还有一辆开了4年的汽车，虽然已经有些年头，但折价后依然能值25万元，是日常出行的得力助手（见图2-1）。

接下来我们来看看王女士家的财务状况。她家目前最大的负债就是房贷，两套房子都有贷款。自住的那套房子贷款 335 万元，投资的那套房子贷款 166 万元。

家庭资产负债表

单位：元 填表日期：

| 资产 | | | | | | |
|---|---|---|---|---|---|---|
| 金融资产 | 现金及现金等价物 | | | | | |
| | 现金 | 50,000 | 活期存款/货基 | 930,000 | 保单现价 | 30,000 |
| | | | | | | |
| | 股票 | | 债券/定期存款 | | 基金 | |
| | 期货 | | 银行理财 | 300,000 | 保险理财 | 500,000 |
| | 券商理财 | | 信托理财 | | 数字货币 | |
| | PE/VC | | 外汇 | | 其它 | |
| 实业资产 | 公司股权 | | 公司净资产 | | | |
| 实物资产 | 第一居所 | 5,000,000 | 第二居所 | | 第三居所 | |
| | 投资房产 | 4,000,000 | 投资房产 | | 投资房产 | |
| | 机动车 | 250,000 | 收藏 | | 黄金 | |

**图 2–1 王女士家资产负债情况截图**

想知道每个月要还多少钱，或者已经还了多少本金和利息吗？其实，有个很简单的方法可以算得清清楚楚。你只需要在网上搜一搜“房贷计算器”，输入贷款类型、金额、年限和年利率，就能算出总共要还多少钱，以及每期要还的本金和利息。

本书的最后，我还给大家准备了一个小礼物——推荐一个我演示时用的“房贷计算器”链接。大家可以根据自己的贷款情况，去算一算。

王女士家用的是等额本息还款法，每个月要还 1.67 万元，一年下来就是大约20万元。现在两套房子的贷款加起来还有501万元没还，这是每个月一笔非常重要的固定支出。

这里要注意一下，你可能会觉得，每个月按时还房贷，本金就会一点一点减少，对吧？其实，这里有个小秘密：在等额本息还款法中，每月还款的本金和利息比例是会变的。所以，你千万别以为剩下的本金就是原来的贷款总额减去已经还的那部分。要知道准确的剩余本金，还得根据已经还的年数和每月还款金额来好好算一算。

王女士家的负债情况见表2-7。

**表2-7 王女士家的负债情况**

| 王女士家的负债 | | |
|---|---|---|
| 项目 | 自住房贷 | 3350000元 |
| | 投资房贷 | 1660000元 |

在我们细细盘点之后，王女士家的财务状况便一目了然。根据图2-1，可以清晰看到王女士的资产分布情况。首先，她手头有101万元现金及等价物，这些钱可以随时使用，非常方便。这部分包括了她存的现金、活期存款和货币基金，还显示了保单现在值多少钱。

其次，她的可用金融资产总共有178万元，这包括了银行理财、保险理财，还有之前提到的现金和活期存款。这些钱适合做长期投资。

最后是实物资产。王女士有两套房子，自己住的那套值500万元，另一套投资用的值400万元。此外，她还有一辆价值25万元的车。

根据表 2–8，他们的总资产已经达到了 1103 万元，总资产 = 总负债 + 净资产，即 501 万 +602 万 =1103 万。

同时，王女士家的负债主要就是两个房子的房贷，自住房贷 335 万元，投资房贷 166 万，总负债是 501 万元。（见表 2–8）。

**表 2–8　王女士家的资产**

| 合计（元） | | | | | |
|---|---|---|---|---|---|
| 现金及等价物 | 1010000 | 自住房产 | 5000000 | 投资房产 | 4000000 |
| 可用金融资产 | 1780000 | 其他实物资产 | 250000 | 实业资产 | 0 |
| 总资产 | 11030000 | 总负债 | 5010000 | 净资产 | 6020000 |

让我们从四个关键的维度，也就是投资、负债、流动性和结余来深入了解一下王女士家的财务状况吧（见表 2–9）。

**表 2–9　王女士家的财务状况**

| 财务指标 | | | | | |
|---|---|---|---|---|---|
| 投资与净资产比率 | 0.96 | 清偿比率 | 0.55 | 负债比率 | 0.45 |
| 财务负担比率 | 0.21 | 流动性比率 | 31.01 | 结余比率 | 0.61 |

我尽量简单地解释这些指标是怎么回事，以及它们各自的标准。

**投资与净资产比率：**这个数字就是你家投资占你家总资产的比例。比如，这个比率是 0.5，那就说明你的投资能赚钱，风险也可控。你可以将你的投资资产（股票、基金等）和总资产（存款、房产等）相比，看看这个比例是不是正好。要是太低，说明你家资产增值的速度有点慢了。

**清偿比率：**也叫偿债能力比率，反映了你用自家的钱还债的本事。如果这个比率超过 0.6，那说明你还债能力很强。这个数字越高，说明你还债的能力越强；要是太低，说明你家的负债有点多。简单来说就是，对比下你手上的钱和你欠的钱，看看能不能轻轻松松地还上。

**负债比率：**就是看你欠的钱占你家总资产的比例。这个数字反映了你家负债的情况。要是负债比率在 0.5 以下，那就说明你家负债不算多。要是太高，则说明你家经济压力有点大了。

**财务负担比率：**就是看你每个月还的钱占你每个月实际拿到手的钱的比例。这个比率最好控制在 0.4 以下，避免出现意外情况时应付不来。简单来说，就是将你每个月还贷款的钱和你每个月实际到手的工资相比。要是占比太高，那你应该考虑如何节流了。

**流动性比率：**就是将你的流动资产（比如存款、股票等）和你的短期负债相比。流动资产就是那些能很快兑换成现金的资产，短期负债就是那些你得在短期内还的债务。这个比率最好能覆盖 3 个月到 6 个月的支出。要是太高，一方面说明你短时间的还债能力很强，另一方面说明你的资产增值能力有点弱。要是太低，你就得想想怎么应对突发事件了。

**结余比率：**就是你家存款和收入的比例。这个数字能看出你家控制支出和储蓄的本事。要是这个比率超过 0.3，那就说明你家的储蓄较多，为将来投资理财打下良好的基础。要是太低，你就得想想怎么多存点钱了。

王女士家的情况是，投资与净资产比率、负债比率、财务负担比率和结余比率都不错，就是流动性比率有点高。她家的现金和等价物有 101 万元，但都存放在不太增值的地方，有点浪费。清偿比率也有点低，暗示其家庭偿债能力可能成为一个潜在风险点。

## 梳理未来目标，测算家庭现金流

我依照王女士对未来生活的期望，对她家的财务作了重新规划，根据表 2-1 家庭财富现金流规划表格，把她家的钱分别安排在实现那些人生目标的位置上，并且梳理了一下王女士家目前的现金流状况。

### 房屋贷款

在王女士的计划里，如果她的事业和收入稳定，她就不打算提前还清房贷。这意味着，她每年的现金流中，房贷只占用了 20 万元，这并没有给她带来太大的心理负担。

现在，很多 35 岁以上的人都有了一些积蓄，唯一的负债就是房贷。几年前，我其实不建议提前还房贷。因为手头有钱，就能抓住投资的机会。全部还了房贷，钱就不能增值了。

但是现在，我特别能理解那些没有更好的投资渠道、收入不稳定的朋友，他们想要提前还贷的想法。提前还房贷确实能减轻负担、降低风险。

不过，提前还房贷并不适合每个人，需要根据个人的具体情况来分析。以下是一些不适合提前还房贷的情况。

- 如果你有好的投资渠道，能获得比房贷利率更高的收益，那么提前还房贷可能不是最好的选择。你可以用这笔钱去投资，让财富增值。

- 如果你的房贷利率很低，提前还贷的收益可能并不明显。你可以继续按原计划还款，同时寻找其他投资机会。
- 如果你收入不稳定，或者家庭负担很重，提前还房贷可能会给你带来更大的财务压力。在这种情况下，保持现金流稳定可能更重要。
- 如果你计划在未来几年有大额支出，比如买车、子女的教育支出等，提前还房贷可能会影响你的资金安排。你可以先保障这些支出，等时机成熟再考虑提前还房贷。
- 在某些国家或地区，房贷利息可以享受税收优惠。如果提前还房贷，可能会失去这部分优惠。所以在做出决定前，要充分考虑税收因素。

总之，提前还房贷是一个需要综合考虑多方面因素后再作出的决定。在做出决策前，要确保你已经充分考虑了自己的财务状况、投资渠道、税收优惠等因素。如果有需要，可以咨询专业的理财顾问，以获得更详细的建议。

## 子女教育金

在现代社会，教育成为每个家庭的重中之重。特别是对于像王女士这样的家庭，有一个 8 岁的孩子，且正处于成长的关键时期，教育规划的重要性不言而喻。

为了给孩子提供更广阔的视野和更好的成长环境，家长们愿意投入更多的时间和精力。在进行教育规划时，我们需要从以下几个方面进行重点考虑。

1. 义务教育

在我国，义务教育是每个孩子成长过程中的重要阶段。王女士为孩子选择了一所教学质量优良、师资力量雄厚的小学。义务教育阶段的学校费用很低，几乎可以忽略不计。

2. 兴趣爱好

发掘和培养孩子的兴趣爱好，有助于提高他们的综合素质。王女士观察到孩子在日常生活中对美术、武术等都表现出浓厚的兴趣，因此她支持并鼓励孩子去参加相关的兴趣班或社团活动，这样既能锻炼孩子的能力，又能培养他的团队协作精神。

3. 课外辅导

为了让孩子在学业上有所突破，课外辅导是必不可少的。目前王女士的孩子处于小学阶段，她没有为孩子报名学科类如数学、英语、语文等的课外辅导班，而是更加关注孩子的心理压力，避免过度辅导导致孩子产生厌学情绪。

4. 国际视野

随着全球化的推进，拥有国际视野已成为孩子未来竞争的关键。王女士考虑让孩子参加一些国际交流活动，如夏令营、海外游学等，让孩子亲身体验不同国家的文化，开阔视野。同时，为了应对孩子在高中或大学毕业后，想要继续深造或出国留学产生的大额教育支出，她也计划提前为孩子做相应的教育储备。

在高中阶段，如果孩子的整体素质处于优良水平线以上，王女士也考虑为孩子报名一些适合孩子提升成绩的学科类课外辅导班，这部分费用也被提前写进储备规划里。于是，基于当前的教育支出和对未来学费增长率的评估，我为王女士的教育金账户规划做了具体的设计方案。

高中阶段的补习费用，每节课 1000 元，每周至少 1 次，1 年单科的费用约为 4.8 万元。3 科都需要提升，预计费用约为 14.4 万元。王女士计划就在临近高考的最后 1 年报名补习班，因此就读年限是 1 年。

近年来有多地的高校学费进行了调整，其中最高涨幅达到了 54%。

总的来说，国内高校的学费普遍有所上调，平均学费水平已经超过了 5000 元 / 生・学年。具体到每个孩子上大学的学费支出，会根据所在地区、所学专业和学校性质（如公办或民办）等因素而有所不同。因此，具体学费数额可能会有所不同。

按照 2023 年的最新数据，王女士儿子一年的学费支出预计在 1 万 ~1.44 万元。因为距离孩子读大学的时间还长，暂且按照中间值 1.22 万元计算，随着时间的变化，每 5 年调整 1 次计划。

王女士虽然心中暂时没有让孩子出国留学的计划，但也担心孩子长大后，会有想继续深造和出国留学的想法，决定也要提前准备好这笔钱，以备不时之需。如果在国内就读，她计划每年为孩子支持 3 万元，如果有不够的部分，孩子可以通过奖学金或者假期打工等方式来补充，也让孩子提前在社会上得到历练。如果在国外就读，她计划先为孩子储备出国留学的学费每年 10 万元，就读年限是 2 年。

根据目前的学费增长率，涨幅普遍在 30% 左右，考虑到孩子上学期间的人口经济等变化因素，每年学费增长率变化较大，暂以当下的情况测算，每 3 年再重新评估。教育投资的总金额约为 75.9 万元。

以王女士当下的风险承受能力，想要储蓄到投资总金额，采用稳健理财的方式储蓄，收益率在每年 3%～3.5%。她需要从当下开始第 1 年投入 10 万元，其后每年追加 6 万元，连续 10 年，等到孩子读高三时，启动这笔教育储备金来应对接下来的教育支出（见图 2–2）。

在规划教育投资时，王女士也考虑到了孩子的心理发展和成长需求。她希望通过教育投资，不仅能够提供孩子未来所需的教育资源，还能够培养孩子独立思考、解决问题的能力，以及面对挑战时的自信心和毅力。

**教育金账户规划**

| 当前可投入本金 | 每年可追加本金 | 投资年期 | 学费增长率 | 能承受的最大回撤 |
|---|---|---|---|---|
| ¥100,000 | ¥60,000 | 9 | 0.00% | 0.00% |
| 高中每年学费 | 就读年期 | 本科每年学费 | 就读年期 | 投资目标总金额 |
| ¥144,000 | 1 | ¥12,200 | 4 | ¥759,369 |
| 高中总学费 | ¥144,000 | 本科总学费 | ¥48,800 | |
| 硕士每年学费 | 就读年期 | 博士每年学费 | 就读年期 | 年收益率 |
| ¥300,000 | 2 | ¥0 | 0 | 3.53% |
| 硕士总学费 | ¥600,000 | 博士总学费 | ¥0 | |

**图 2–2　王女士孩子的教育金账户规划截图**

总的来说，王女士的教育规划是一个全面而细致的计划，它涵盖了孩子从高中到大学的教育需求，同时也考虑到了未来可能的变化。通过这样的规划，王女士能够确保孩子在未来的道路上，有足够的资源和支持，去追寻自己的梦想和目标。

为孩子做教育规划，需要从多个方面进行综合考虑。在制订规划时，应充分了解孩子的需求和特点，结合家庭条件来设计方案，为孩子创造一个良好的成长环境。

当然，我们在考虑金钱储备的同时，也不能忽视孩子的心理健康。我们要培养孩子独立自主的能力，为他的未来奠定坚实的基础。这样，孩子才能在成长的道路上，自信地面对各种挑战，实现自己的梦想。

## 夫妻双方的养老金

为了确保既能在预定的年龄退休，又能保持现在的生活品质，王女士和丈夫得从以下几个方面着手规划养老。

首先，得考虑养老金储备是否充足。王女士和丈夫已经有了社保和企业年金，但没有其他确定的退休金补充方式。我先帮他们计算现有的养老金是否足够。如果不够，则需要制订一个储蓄计划，每月存一定数额的钱，以增加养老金储备。

王女士每年的收入是 15 万元，社保退休金每月大约为 4000 元。她老公每年的收入是 50 万元，社保退休金每月为 1.1 万元，加上企业年金，退休金为 1.5 万元到 1.8 万元。当然，社保的金额会受地区基数、缴纳年限等因素影响，得根据自己的实际情况来算，“养老金计算器”在本书的末尾附录里可以找到。

夫妻俩的退休金加起来，每月有 1.9 万元到 2.2 万元。根据王女士家现在的消费水平，退休后会减少贷款、孩子教育的支出，以及已经缴完保险费用，会增加医疗费和赡养父母的费用。暂且不考虑这些，他们想保持现在的生活品质，每年基本生活开销在 10.3 万元，平均每月约 8600 元。王女士家的日常总支出见表 2-10。

按照现有的社保养老金和企业年金，他们的退休金完全能覆盖日常开销，还有结余。当然，生活品质和物价上涨会影响这部分支出，所以建议每年都做 1 次梳理。

**表 2-10 王女士家的日常总支出**

| | 总支出 |
|---|---|
| **日常生活开支（元）** | 79200 |
| 衣（服饰、化妆品、美容美发） | 15000 |
| 食（在家 / 外出就餐、生活用品） | 36000 |
| 住（房租、家政、水电、物业） | 10000 |
| 行（交通、通信） | 7200 |
| 健康（健身、保健、体检） | 6000 |
| 休闲（社交、旅游、娱乐） | 5000 |
| **其他生活开支（元）** | 280000 |
| 父母赡养 | 20000 |
| 子女教育 | 30000 |
| 礼尚往来 | 2000 |
| 医疗 | 2000 |
| 贷款 | 200000 |
| 保险 | 26000 |
| 金融投资（定投、年金、投连） | 0 |
| **临时支出** | 20000 |

其次，拥有健康的身体是享受退休生活的前提。王女士和丈夫需要关注自己的健康状况，定期进行体检，及时发现并治疗疾病。退休后的疾病和日常保健护理的费用将大幅提高，他们可以参加一些健身活动，如瑜伽、游泳、慢跑等，以增强身体素质。

再次，除了储蓄，投资也是增加养老金储备的有效途径。王女士和她丈夫的现金增值能力有待提升，可以考虑将一部分资金投资于股票、基金、债券等金融产品，以获得更高的收益。在投资的过程中，他们需要注意风险控制，避免过度投资于高风险产品。

从次，为了保持退休后的生活品质，王女士和丈夫需要提前规划退休生活，包括居住地、兴趣爱好、旅游计划等。他们可以考虑在退休后搬到环境优美、生活成本较低的地区，以减轻经济压力。同时，培养一些兴趣爱好，如园艺、摄影、绘画等，让退休生活更加丰富多彩。

复次，就是养老服务。随着我国人口老龄化加剧，养老服务需求日益增长。王女士和丈夫可以关注一些养老机构和服务，如养老社区、居家养老服务等，以便在需要时得到及时的帮助和支持。

最后，是社保政策。王女士和丈夫需要关注国家社保政策的变化，了解延迟退休政策的具体内容和实施时间，以便及时调整退休规划。同时，他们还可以咨询专业的理财顾问，寻求针对性的建议。

为了在预期年龄退休并保持生活品质，王女士和丈夫需要从养老金储备、健康管理、投资规划、退休生活规划、养老服务以及社保政策等方面进行综合考虑。通过合理规划，他们可以顺利实现退休目标，享受美好的退休生活。

## 子女婚嫁金

王女士的开放思想和对孩子婚姻问题的态度，让人忍不住要为她点赞。她深知，在孩子的成长道路上，教育是最宝贵的投资。她希望孩子在得到良好的教育后，能够独立自主地生活，并在婚姻大事上做出明智的选择。这种教育理念，无疑对孩子的成长和发展有着积极的影响。

王女士计划在孩子结婚时，根据自己的能力给予其一定的资金支持。这种做法，充分体现了她作为母亲对孩子的关爱和责任感。然而，考虑到孩子的成长和社会环境的变化，王女士还没有确定具体的支持金额。

在孩子成长的过程中，王女士需要关注以下几个方面。

**1. 教育投资**

王女士需要为孩子提供优质的教育资源，包括学校教育、课外辅导、兴趣爱好培养等。这有助于孩子在未来社会中具备竞争力。

**2. 独立生活能力**

王女士需要培养孩子的独立生活能力，包括生活技能、财务管理、人际关系等。这有助于孩子在成人后更好地适应社会生活。

**3. 财务规划**

王女士需要为自己和孩子制订合理的财务规划，确保在孩子结婚时能够提供一定的资金支持。同时，她还需要关注自己的养老问题，确保在退休后能享有舒适的生活。

**4. 社会环境变化**

王女士需要关注社会环境的变化，如房价、物价、就业形势等，以便在孩子结婚时做出更为合适的资金支持决策。

**5. 沟通与理解**

王女士需要与孩子保持良好的沟通，了解他的需求和期望，尊重他的选择。同时，她还需要教育孩子理解父母的付出和期望，培养他的责任感和感恩之心。

在孩子成长的过程中，王女士应以开放的心态面对孩子的婚姻问题，注重培养孩子的独立生活能力和责任感。通过合理的财务规划，她可以确保在孩子结婚时提供一定的资金支持，同时关注自己的养老问题。随着孩子的成长和社会环境的变化，王女士可以灵活调整计划，为孩子创造一个美好的未来。

## 全家的医疗费用

在现代社会，医疗费用往往是家庭预算中的大头，直接影响着我们的生活品质。因此，提前做好医疗费用的规划，确保在遇到疾病或意外时，家庭经济不会受到太大影响，是理财规划中非常重要的一环。目前，常用的储备医疗费用的金融工具包括医疗险、重疾险，以及意外险。

王女士为全家人购买了医疗险和重疾险。这是为了让其和家人产生医疗支出时，能够得到一定的经济支持。不过，根据现在的情况，王女士家庭的保障力度还有提升的空间。这意味着，如果发生较大的医疗事件，现有的保险可能无法完全覆盖所有的费用，从而会给家庭经济带来压力。

为了解决这个问题，王女士需要随着收入水平、生活质量和生活所需的变化，对保险配置做出适当的调整。在调整时，王女士应该注意以下几点。

### 1. 保障内容的审视

王女士需要仔细审视现有的医疗险和重疾险的保障内容，包括保险金额、赔付范围、免赔额等，以确定哪些部分存在保障不足的风险。

### 2. 家庭需求的评估

王女士应该根据家庭成员的健康状况、年龄、工作环境等因素，评估家庭对医疗和重疾保障的需求，确保保险配置能够满足实际需要。

### 3. 预算的考量

在增加保险配置时，王女士需要考虑家庭的预算。保险费用的增加不应影响家庭的正常生活和其他财务目标。

### 4. 保险公司的选择

王女士在选择保险公司和产品时，应考虑保险公司的信誉、服务质量、赔付能力等因素，确保在发生保险事故时，保险公司能够及时赔付。

### 5. 定期复审

保险配置不是一次性的决策，而是一个持续的过程。王女士应定期复审保险配置，确保其与家庭状况和市场情况保持一致。

### 6. 考虑意外险的补充

如果王女士希望保险配置更加全面，可以考虑增加意外险。意外险通常能覆盖意外伤害导致的医疗费用，为家庭提供更全面的保护。

综上所述，王女士在调整家庭的医疗险和重疾险时，应综合考虑保障内容、家庭需求、预算限制、保险公司的选择等多方面因素，以确保保险配置能够有效地填补保障缺口，为家庭提供坚实的经济后盾。

你可以根据表 2-11，将家里已有的医疗险和重疾险的保障范围做个梳理，以明确在发生事故的时候，能获得多大程度的赔偿，也可以据此来适时调整家里的资金配比，比如储备更多的可流动资金，以应对不时之需。如果你对保险条款和责任的理解有些困难，也可以找专业的保险从业人员和理财师来帮你梳理。

**表 2-11　家庭医疗账户资产表**

单位：元　　　　　　　　　　　　　　　　　　　　　　　填表日期：

| 家庭成员 | | 本人 | 配偶 | 子女 | 父母 | 公婆 |
|---|---|---|---|---|---|---|
| 医疗账户额度 | 医疗险报销账户 | | | | | |
| | 险种 | 社保 / 百万医疗险 / 中高端医疗险 | | | | |
| | | | | | | |
| | 报销上限 | | | | | |
| | 起付线 | | | | | |
| | 报销范围 | | | | | |
| | 报销比例 | | | | | |
| | 是否含社保外费用 | | | | | |
| | 重疾险赔偿账户 | | | | | |
| | 额度上限 | | | | | |
| | 赔付次数 | | | | | |
| | 有效时间 | | | | | |
| | 身故全残赔偿 | | | | | |
| | 意外险赔偿账户 | | | | | |
| | 报销上限 | | | | | |
| | 起付线 | | | | | |
| | 单项限额 | | | | | |
| | 是否含社保外费用 | | | | | |
| | 报销范围 | | | | | |
| | 身故全残赔偿 | | | | | |

在我们的精心规划下，王女士家庭的终身财务目标变得清晰且稳妥。依托当前的收入，王女士能确保家庭在经济上的稳固，并能应对未来各个阶段的不同需求。每年，她会根据当前的经济状况、家庭变化和市场趋势做出必要的调整，这种灵活的规划方式可以帮助她更好地应对生活中的不确定性。

通过这样的规划，王女士和她的家人可以将更多的精力投在工作和提升收入上。他们不必为可能出现的突发情况而担忧，因为他们已经为潜在的大额支出做好了准备。无论是孩子的教育费用、家庭的医疗支出，还是未来的养老需求，王女士都已制订出相应的财务规划。

例如，王女士已经为全家人购买了医疗险和重疾险，确保在面临疾病或意外时，家庭经济不会受到重大冲击。她还考虑到了意外险的补充，以提供更加全面的保障。

在教育和养老规划方面，王女士也做了充分的准备。通过储蓄和投资，她为孩子的教育和自己的养老储备了足够的资金，确保在退休后能够享有舒适的生活。

总的来说，王女士通过合理的财务规划，确保了家庭的终身财务目标得以实现。随着时间的推移，她可以不断地调整和完善财务规划，以适应家庭需求和市场变化，确保家庭的财务安全和稳定。

# 智慧消费法则：在奢侈与节俭之间舞蹈

你是否曾在深夜的网购狂欢中，手指悬停在“支付”按钮上犹豫不决？或者在熙熙攘攘的购物中心，被打折促销活动诱惑得迷失了方向？在这个物质丰富的时代，消费观念已经成为影响我们个人财务状况的关键因素之一。它不仅塑造着我们的生活品质，更悄然影响着我们的经济状况和未来的发展。

我们须认识到一个健康的消费观是建立在理性基础之上的。理性消费意味着在做购买决策时，我们能够权衡需要与欲望，避免盲目跟风或冲动消费。最新的消费者行为研究报告表明，冲动消费往往会导致不必要的经济压力，甚至可能引发债务问题。因此，学会控制自己的消费欲望，进行理性的成本效益分析，是维护个人财务健康的重要一步。

## 被车标迷惑的购物冲动

记得两年前，我突然非常想把开了 5 年的马自达换成一辆奔驰。现在想起来，那股强烈的欲望或许仅仅是源于每次在路上，那个圆圆的、像鸳鸯火锅一样的大车标对我产生了难以抗拒的吸引力。我对汽车的了解仅限于基本操作，对内饰也不太讲究，但那个看似毫无意义的徽标却能激发我的购物冲动。

在一个炎热的夏日，我拉着老公去了 4S 店。我们的目光从 20 多万元的车型移向 50 多万元的车型，甚至连一辆因小故障返修而打折出售的二手车，我都差点想买下。幸亏老公及时制止了我，将我从冲动消费的旋涡中拉了回来。

我们完全有能力全款购买那辆车，但事后回想，连我这个一向以富人思维消费的人，也会不时地受到消费诱惑，更别说身边的其他人。几个月后，我们只用了 5 万元现金和 8 万元无息贷款，升级了我们的马自达，用更低的成本更换了最新的车型，满足了我对新车的所有向往：更安全的配置、更宽敞的空间和更多炫酷的功能。

这次消费节省了 30 多万元，这些省下来的钱仍躺在我的投资账户里，为我带来持续的“睡后收入”。

许多人渴望致富，在汽车消费上又希望引人注目。但如果你买一辆连百万富翁都会觉得奢侈的车，又怎能积累财富、减轻财务压力呢？想象一下，如果失业了，你可能根本付不起这辆车的贷款，或者勉强凑够这笔钱，却要工作到 80 岁。何苦呢？

2006 年，全球三大富豪之一——沃伦·巴菲特买了一辆价值 55000 美元的凯迪拉克，据说这是他买过的最贵的车。美国千万富翁的座驾平均价格为 41997 美元。随便转转大型汽车卖场，你会发现许多车的价格远超这个数。但车主中有多少人真正拥有千万元的净资产？如果你认为“可能根本没有”，那么恭喜你，你在致富路上已经迎头赶上。

在追求财富和实现财务自由的路上，很多人会犯一个愚蠢的错误：他们喜欢营造看上去富有的幻象，而非成为真正的有钱人。你在购车时省下的每一元钱（更不用说将这笔钱存入银行产生的利息），最终都会成为帮你积累财富的投资。

如果你确实很有钱，挥霍在奢侈品上也无关紧要。但如果你还只是一个想要努力致富的普通人，这样的消费无法让你成为有钱人——永远也不会。

在当今社会，无节制消费的现象愈加普遍，这不仅对个人财务健康构成威胁，也对社会可持续发展提出了挑战。纪录片《无节制消费的元凶》深入探讨了这一问题的根源，揭示了问题背后复杂的心理、社会和经济因素。消费不再仅仅是满足需求，它变成了一种身份和地位的象征。广告制造欲望，社交媒体放大影响，而我们的内心则在这场无声的战争中挣扎。

通过一系列的深入访谈、案例研究和专家分析，这部纪录片展现了无节制消费如何被商业策略所驱动，并成为现代社会的一个普遍现象。它还从心理学的角度分析了消费者的行为模式，揭示了人们如何在不断的消费中寻求满足感和幸福感。

观看了这部纪录片后，我深刻意识到了自己的消费行为受到了多少外部因素的影响。我开始思考，真正的幸福是否真的来源于对物质的拥有。这不仅是一次关于消费的觉醒，也是对生活意义的深刻思索。

《无节制消费的元凶》不仅揭示了消费背后的心理和社会机制，还鼓励我们作为个体采取行动，对抗盲目消费的潮流。观看这部纪录片，我们可以更好地理解自己的消费行为，从而做出更有意识、更负责任的选择。这不仅关乎个人的财务自由，更是对全球可持续发展的一份贡献。

根据消费者行为研究报告，消费者往往受到社会文化、个人偏好等因素的影响。例如，对社会地位的追求、对新奇事物的好奇以及对即时满足的渴望，都可能导致非理性消费。理性消费的关键在于认识到这些心理因素，并学会控制它们。

所以，每当我被炫目的广告所吸引时，就会停下来问问自己：我真的需要它吗？它值得我投入吗？别忘了，真正的富裕不仅体现在物质上，更在于智慧的消费决策和稳固的金融根基。

当然，经历全球性公共卫生事件后，人们的消费观也在悄然发生着变化。以麦肯锡的报告为例，它指出，由于经济压力和不确定性，中国消费者在消费时变得更加谨慎，储蓄率不断上升。这表明，消费者的保守态度可能有助于他们在经济不稳定时期保持财务稳定。假如经济情况好转，人们是否会拾回以往的消费习惯呢？

## “假富豪”背后的焦虑

在我们周围，总有一些朋友过着令人称羡的生活：开着引人注目的豪车，住着令人梦寐以求的豪宅，身着名牌服装，仿佛他们的每一处生活细节都在讲述着奢华的故事。一眼望去，他们的生活质量无疑是顶尖的。然而，当我开始为更多家庭提供理财服务，深入探究他们的财务状态时，我意识到外在的富裕并不总能代表真正的经济繁荣。拥有一系列昂贵的标签，装扮得像个富翁，并不意味着真正的财务自由。

在一个高端派对上，我遇到了一位光彩夺目的女士。她保养得宜，手提限量版手袋、身着名牌服饰，散发着自信。在交谈中，她得知我是一名理财顾问后，主动与我交换了联系方式。

两个月后，她联系我，希望见面讨论财务问题。最初，她只是咨询一款理财产品的细节，但随着对话的深入，我感受到她对财务状况有着深深的担忧。原来，她的主要收入非常不稳定，在近几年更是大幅减少，这让她不得不动用了自己的储蓄。当账户余额越来越少，只剩下区区 10 多万元时，焦虑开始涌上她的心头。

在这个物质丰富的时代，我们常常难以区分“想要”和“需要”。在做出消费决策之前，比较不同商家的价格和产品特性至关重要。要根据需求的紧迫性和重要性进行排序，考虑购买决策对未来财务的影响，并设定冷静期以避免冲动消费。

要在财务上保持安全距离，关键是积累资产而非负债。少花多赚，将剩余资金理性投资是最稳妥的方法。然而，许多人却无法区分“所需”与“所想”，从而损害了他们的“财富健康”。

许多年轻人一出校门就找到了稳定的工作，却也因此走上了过度消费的道路。最初可能只是用信用卡买一张新餐桌，接着却发现餐具和沙发都不匹配了。然后是地毯、娱乐系统、全面装修，最终可能是一次豪华旅行。

经济学者指出，消费者应考虑商品的长期价值和使用频率。选择耐用且质量高的商品从长期来看更具成本效益。这种审慎的消费态度有助于节省开支，培养负责任的消费习惯。

我们都知道，每一笔支出都对我们的个人财务健康产生了深远的影响。理性消费不是一句空话，它需要我们用实际行动去践行，而成本效益分析便是实现这一目标的关键工具。

艾瑞网的白皮书为我们揭示了一个振奋人心的科学消费趋势。现代消费者越来越关注产品的品质和创新，他们在按下“购买”键之前，更愿意花时间收集信息、仔细评估。这种转变不仅展示了消费者的成长，也反映了市场的进步。

让我们来看一个真实的故事。张先生在购买一台新电视机之前，仔细比较了不同品牌和型号电视机的性能、耗电量以及维修率。他不仅查看了用户评价，还特意阅读了几篇专业评测文章。最终，张先生选择了一个价格适中但综合评分较高的品牌。这台电视机不仅满足了他的需求，而且运行能耗小、使用寿命长。这正是成本效益分析带来的直接益处。

致富的关键点并不在于你赚了多少钱，而在于你如何支配你的收入。在追求财富和实现财务独立的道路上，很多人都会犯一个愚蠢的错误：喜欢营造自己看起来有钱的幻觉，而不是做一个真正的有钱人。负责任的消费习惯总是被那些想致富的人置若罔闻。但学会了控制不必要的花销，才能迈出致富最关键的一步。

## 买房交易背后的债务隐患

在中国，房子不仅是一处居住的场所，更承载了无数人的家园梦想和情感。然而，当我们回望王女士一家购房的故事时，却能发现背后隐藏的债务冰山。300 多万元的贷款，最终还款总额竟高达 601 万元，几乎翻倍的偿还压力，映射出许多中产家庭共同的财务困境——成为所谓的“百万负翁”。

2009 年前后，中国房地产市场的繁荣景象掩盖了风险的阴影。许多购房者不顾自身的承受能力，纷纷投身于房产的购买热潮。但当利率上升、收入减少，再加上全球性公共卫生事件带来的经济冲击，一些人原本就岌岌可危的财务状况雪上加霜。房地产供应过剩导致房价下跌，许多投资者和普通购房者面临着巨大的财务危机。

随着 2024 年房产的“大甩卖”，那些无法继续支付本息的家庭将面临失去房产的严峻现实。因此，在考虑置业时，我们必须仔细评估自己的支付能力，确保即使在最坏的经济环境中，也能持续还贷。

我成长于一个普通的家庭。父母辛勤工作至法定退休年龄，换来了稳定的退休金。尽管我们从未住过豪华的房子，但温馨的家庭氛围和对财务的谨慎态度，为我树立了理财的典范。这种对负债极度厌恶的情感，影响了我成年后的生活。

很少有人像我一样对负债有着如此强烈的反感。负债给我带来的不单是数字上的压力，更是一种精神上的负担。记得我和老公买第一套房子时，虽然依靠贷款得以实现，但负债的重压让我下决心尽快还完贷款。在还款期间，我过着极为节俭的生活——一种可能并不令人向往，却充满实用智慧的生活。终于，在买房的 9 年后，我抓住机遇还清了所有贷款，从此过上了无债一身轻的日子。

现在的我，已经 38 岁，写下这些文字的时候，我想对所有刚步入社会的年轻人说：培养节俭的习惯，是走向财富自由的明灯。特别是在年轻时，勤俭节约不仅能帮助你养成良好的消费习惯，还能为你未来的经济独立打下坚实的基础。

最保险的致富之路，就是首先要学会量入为出，而且花的要比赚的少。假如你能转变观念，对现在所拥有的感到满足，你就不会受到诱惑而肆意挥霍自己的钱财。这样，你就可以用你的钱进行长期投资，而借助股市神奇的复利，即使你拿的是中低收入者的工资，最终也能积累出一个金额可观的投资账户。

一些古老的规训告知我们，欲望会带来磨难。这不仅是精神层面的指引，也适用于我们的现实生活。我记得在新加坡教书时，有个学生的家庭对高端消费品有着难以割舍的欲望。这种对物质极致追求的生活方式，可能会在一家之主失业或面临退休时，给家庭带来巨大的经济压力和痛苦。我曾看到一张车尾贴纸，它幽默地借用了某个版本《白雪公主》中小矮人的那句话："欠债要忍，还债要狠，该去干活喽！"这句简单而诙谐的话语道出了负债的艰辛真相。

在我终于还清了房贷之后，我手中多出的资金成为我进行基金和年金投资的强大助力。随着时间的推移，这些投资带来了稳定的收益，并确保我在晚年有确定的领取金额。这段经历让我深切体会到，作为一个理智的消费者，我们需要不断地检查自己的财务状况，尽可能地减少不必要的债务。因为过度的负债不仅会消耗掉我们未来的财富，还会影响我们的信用记录和生活品质。

在人生旅途中，我坚定地拒绝了那些不切实际的幻想，并对负债保持警惕，因为我追求的是一种轻松自在的生活状态。随着岁月的流逝，我更加渴望摆脱任何形式的财务束缚，以实现真正的财务自由。

## 体验"富人花钱法"带来的经济自由

我曾误以为赚钱的唯一途径就是不停地辛勤劳作。然而，当我开始模仿真正的富翁的消费习惯，当我开始实践"富人花钱法"后，我终于尝到了真正的经济自由的滋味。

富人，其实是一个相对的概念。但在我看来，要称得上"富人"，至少要满足两个条件：一是能选择不工作而无须为生计担忧；二是拥有的投资和养老金，至少能保证一生中每年有 2 倍于国内中产家庭收入的收益。

根据国家统计局的数据，中产家庭年收入介于 6 万元至 50 万元人民币之间。按此逻辑，如果一个家庭每年的投资收益不低于 12 万元，我会认为他们是富有的。但对许多人而言，这样的生活似乎只存在于梦里。

以我的一位客户王女士为例，她通过股票和债券市场投资建立了一个价值 540 万元的资产组合。每年只须变现 3.3%，即约 18 万元，她的财务就始终充裕。如果这份投资每年还能实现 5%～7% 的增长，她甚至每年都能多取出一点钱来应对不断上涨的生活成本。

设想王女士处于的这种状况，我会毫不犹豫地认定她是富有之人。如果她还有一辆中档车和一套无负债的百万豪宅，那她无疑是极为富有的。相反，假如王女士只有 40 万元的存款，住着按揭的豪宅，开着租来的豪车，尽管他们夫妇的年薪高达 90 万元，我会说，她并非真正的有钱人。

我不是在建议大家去过吝啬的生活，把每 1 分钱都存起来。但要成为富人，我们必须有一个明确的计划，首要任务是合理安排开支，这样才有资金去投资。

个人的消费观念直接影响财务状况。理性消费、规划预算、节省策略、有效债务管理以及理解消费与理财的关系，这些习惯能够帮我们掌控未来财务状况，实现经济自由和安全。

但要注意，花钱时永远不要把省钱放在第一位，否则你会付出更多金钱和人力的成本。

如果我们想要获取更多，就不能为了省钱而放弃更多时间和机会。因为很多时候，当我们为了省钱而放弃某些东西，其实是在放弃更多的机会和更高的生活质量。最后的结果就是“赚了小钱花了大钱”。我们必须认识到这一点，并努力克服这种心态。

我自己采取这样的消费观已经超过 7 年了，如今我和丈夫过着无忧无虑的生活。我们有一辆最新款的经济型马自达汽车，每年能选择在国内的两个城市旅居，享受海外度假和定期按摩服务。只要妥善管理现有资产，这样的生活可以持续 40 年。

如果你确实家财万贯，那么花费大手大脚自然无妨。但无论你的薪水多高，如果失业后不能保持滋润的生活，那就说明你并非真的有钱。我们的消费行为不仅影响个人的财务健康，也在塑造地球的未来。合理的消费习惯能为理财打下良好的基础，而糟糕的消费习惯则可能摧毁精心构建的财务规划。因此，我们必须认识到合理消费在理财中的重要性，并找到奢侈与节俭之间的平衡点。

学习“富人花钱法”，你最终会拥有财富和其他物质财产，远离焦虑。运用我即将分享的投资规则，你可以事半功倍：用别人一半的钱去投资，承担更低的风险，获得两倍的财富。继续阅读，你会了解其中的秘密。

想成为有钱人，我们必须有一个明确的目标和计划：学会控制花销。所有父母都希望帮助孩子，但若不教会孩子如何赚钱，留给他们的财富最终都会有用尽的一天。除了要为教育储备钱，我认为教孩子理财远比留给他们财富更重要。我在平时的生活中会抓住机会向孩子传递关于经济、金钱、消费和规划的思维。我们应该培养下一代量入为出、储蓄和投资的习惯，而非仅仅传递物质财产。这样，我们不仅为他们的未来生活打下了坚实的基础，也赋予了他们掌控财务命运的力量。

# 防御策略：构建你的财务安全网

财务安全的重要性不仅在于维持日常生计，更在于当有不测风险降临时，可以保护我们的家庭不至于陷入经济泥潭。

然而，许多人对此视而不见，对潜在的财务风险浑然不觉。想象一下，如果我们对未来毫无准备，当经济大潮再次退去，露出隐藏的暗礁时，我们将会手足无措，身陷泥潭中无法自拔。

为了防止这样的悲剧发生，建议你考虑以下几项措施，为自己和家人打造一个坚固的财务安全网。

- 通过保险和投资，为未来搭建一道坚固的防线。
- 借助教育和储蓄，为知识与未来的稳健增长筑基。
- 确保有足够的紧急现金储备，以备不时之需，让心中多一分踏实，少一分忧虑。

毕竟，“未雨绸缪，有备无患”，这是咱们给未来最好的礼物。

## 保险和投资

在如今这个经济形势变幻莫测的时代，保险和投资如同我们家庭的守护神，一方面为我们遮风挡雨，另一方面助我们财富增值。要制订一份全面的财务规划，就得先明白两者的奥妙。

保险，就像是我们生活中的一把保护伞。我们需要支付一些保费，它就能帮我们挡住那些可能让生活陷入困境的大风大浪。比如，有了人寿保险，当家里的顶梁柱突然倒下，家人能得到一笔经济补偿，让生活不至于陷入绝境。而健康保险，能在我们生病或者受伤时，帮我们分担那些高昂的医疗费用，让我们不必因为一场病而倾家荡产。

张女士就是个很典型的例子。为了家庭，她辞去了工作，成为一名自由职业者。虽然没有了稳定的收入，但她深知保险的重要性。于是，她给自己和家人买了一份综合健康保险。几年后，当她不幸患上乳腺癌时，是保险的赔付，让她能够安心治病，不必担心会给家庭增加经济压力。

然而，保险虽好，但也不能把所有的钱都投进去。张女士后来就有点过头了，把家里的存款都拿去买了保险，却忽略了投资和流动资金的重要性。结果，在突发情况下家庭收入受到影响，连日常开销都差点成了问题。这也给我们提了个醒：保险要买，但也要适度，得留点资金去投资，让钱生钱。

投资就像是我们生活中的加速器。把钱投到股票、债券或房地产等，就能让资金活跃起来，帮我们赚取更多的收益。这样不仅能抵御通货膨胀的侵蚀，还能为我们未来的退休生活或其他梦想积累财富。

李先生就是个成功的投资者。他从年轻时就开始涉足股市，经过多年的精心布局和耐心等待，他的投资组合已经为他积累了可观的财富。然而，生活总是充满了意外。就在他计划提前退休享受生活的时候，一场突如其来的脑出血打乱了他的计划。因为过于依赖投资的收益而没有配置保险，他不得不将股市的资金全部提现以应对生活的开销。这个例子也深刻地提醒我们，投资虽然重要，但是保险同样不可忽视。

回首这些年的理财之路，我深有感触。为了家人的安宁和未来的保障，我精心挑选了50多份保险为家人筑起了一道坚实的防线。而在这道防线的保护下，我得以放心地将家庭的结余资金投入股市和债券中，以寻求长期的增值机会。

但话说回来，保险和投资的合理搭配，真不是那么容易的。就像我们去医院看病，往往自己先给自己粗略地诊断，再决定去哪个科室，但这常常不太对。理财也是一样，我们需要专业的理财顾问来帮我们分析需求、评估风险并给出合理的建议。只有这样，我们才能更好地应对未来可能遇到的挑战，让家庭财务更加稳健、安全地增长。

总的来说，保险和投资就像是我们财务规划的两大基石，只有合理地配置，我们才能在变幻莫测的经济环境中稳稳地前行。在做出任何重大的财务决策之前，不妨先找个专业的理财顾问聊聊吧！

## 教育和储蓄

在当今社会，教育被普遍认为是长期投资中的“硬通货”。这种投资，既包括孩子的基础教育，也涵盖了终身学习和职业发展的方方面面。实际上，众多研究表明，教育投资的平均回报率往往超越了传统金融产品，如定期存款或债券。

当我们深入探讨教育对个人经济前景的影响时，一个明显且普遍的规律浮出水面：随着个人教育水平的提升，他们的收入潜力也在增长。这一现象不仅贯穿于经合组织（OECD）成员国，也遍布全球。OECD最新的《教育一瞥》报告指出，拥有高等教育学历的劳动者，通常能够获得比仅有中等教育学历者更高的收入。这一趋势无论是在发达国家还是新兴经济体中，都得到了体现。

具体来说，OECD的报告发现，平均而言，拥有大学学位的人在就业市场上的收入，要比只有高中学历的人高出约25%。这一数据凸显了高等教育在提升个人职业潜力方面的重要性。而且，随着技能需求的增加和劳动力市场的不断变化，这一差距可能还会进一步扩大。

在中国，这一趋势尤为显著。随着中国经济的快速发展和对高技能人才需求的增加，高等教育已经成为年青一代获取更好就业机会的重要途径。根据中国国家统计局发布的数据，大学毕业生的平均收入明显高于高中毕业生。例如，大学毕业生的初始工资中位数比高中毕业生高出近50%。随着工作经验的积累，这一差距还有可能进一步扩大。

这种教育与收入之间的正相关性并不令人意外。高等教育不仅为学生提供了更深入的学科知识和专业技能，而且还有助于其培养批判性思维、创新能力和解决复杂问题的能力。这些技能在当今快速变化的劳动力市场中越来越受到重视。

然而，尽管教育与收入增长之间的关系十分明显，但也必须注意到，教育的回报并不是自动实现的。它需要结合个人的职业规划、行业发展趋势以及持续的技能更新和终身学习。此外，政策制定者在设计教育体系时，应当考虑到劳动市场的需求，确保教育内容与经济发展的需求相匹配。

在全球范围内，家长普遍认识到教育对孩子未来发展的重要性，因此为孩子的教育进行储蓄规划成为一项重要的任务。在美国，政府提供了如“529计划”或教育储蓄账户（ESA）等教育储蓄工具，来帮助家庭为子女的教育积累资金，并在某些情况下享受税收优惠。根据美国财政部的数据，“529计划”的资产在2020年增长到了约1500亿美元，显示出家庭对这类教育储蓄工具的强烈需求和积极回应。

在中国，许多家庭已经开始通过其他金融产品为孩子的教育做规划。例如，中国的家庭可以通过购买定期存款、国债或专门设计的教育保险产品来积累教育基金。这些方式体现了中国家庭对于教育投资的重视。

值得注意的是，中国的教育储蓄产品也在逐步发展。随着中国金融市场的成熟和政策的支持，可以预见未来会有更多针对性强、灵活性高的教育储蓄和投资工具出现。

教育和储蓄的结合，无疑是一种强有力的财务策略。它确保了资金的专项使用，即教育和学习；同时，它也培养了家长和孩子对未来的投资意识。

为了确保孩子能够接受优质的教育，提供一个良好的学习环境是基础。这不仅包括家庭中的学习空间，还包括有利于孩子成长的教育资源，如图书、教育软件和参与各种教育活动的机会。此外，父母的积极参与和支持也对孩子的教育有着不可忽视的影响。

对于那些有足够存款和投资能力的家庭来说，他们可以为孩子提供更多的学习机会，比如海外交流项目、夏令营、专业辅导课程或技能培训。这些投资不仅能够增加孩子的学术成就，还能提高他们的社交和自我发展能力。

教育投资和储蓄，不是孤立的行为，而是一个全面的家庭财务规划的一部分。通过这种方式，家庭不仅能够为孩子的未来教育建立稳固的基础，也能够在变幻莫测的经济环境中保持自身的财务安全和适应性。

## 紧急现金储备

我们在金融的海洋中航行，就如同探险的船只，不知何时便会遭遇风浪。而这时，一个坚实的“金融救生圈”就如同我们的守护神。这个“金融救生圈”，就是我们的现金储备，它如避风港般在我们遇到金融风波时给予我们庇护，又似及时雨般在我们生活的紧急时刻解救我们。

如今，为家庭财务打好“余量”显得尤为重要。面对突如其来的危机，若无准备，我们可能会措手不及，甚至不得不低价抛售资产以解燃眉之急。

我有个朋友，因行业不景气而收入锐减，又因信用卡欠款而陷入困境，最后不得不忍痛变卖爱车。与车商讨价还价时，因急于脱手，最终以远低于市场价的价格成交。这并非个案。

前几日，我在网上看到一位女士的分享。她曾是个标准的中产家庭主妇，丈夫高薪，她则全职照顾孩子，在北京拥有两套房产。但好景不长，丈夫失业两年后，两套房子都面临着断供的风险。为了生计，他们不得不开始变卖家产，即使心有不舍，也不得不做出选择。

面对困境，我们需要有决断的勇气。拖延只会让事情变得更糟。在这个变幻莫测的世界里，我们要学会未雨绸缪，提前规划。

而这个“金融救生圈”的管理，并非一蹴而就。它需要我们精心规划，合理分配和使用。在经济的起伏中，我们要灵活调整策略，确保“金融救生圈”始终在我们身边。

现金储备有三种类型，各有其独特的作用。应急储备如同雨天的伞，为我们遮挡突发的风雨；预算储备是生活的节拍器，让我们的开支更加有规律；目标储备则是实现梦想的基金，助力我们一步步走向成功。

现金储备的流动性至关重要。在紧急情况下，拥有足够现金储备的家庭能更加从容地应对危机。专家建议，每个家庭都应储备

3~6 个月的生活费用，以备不时之需。

当然，每个家庭的情况都是独一无二的。因此，确定现金储备的额度需要根据自身情况来综合考虑。一般来说，流动性储备应达到家庭月支出的 3~6 倍，而稳健性储备则应达到家庭年支出的 20%~30%。

规划好储备额度后，下一步就是合理配置这些资金。我们可以将应急储备和预算储备投入稳健的投资品中，如定期存款、国债等；而将目标储备适当地投入更有成长性的领域，如股票、基金等。但切记，不要把所有的鸡蛋都放在一个篮子里，分散投资是降低风险的关键。

下面为大家提供现金储备的 4 个策略，供参考。

**1. 定期“体检”**

时刻关注并调整你的现金储备结构，以确保它始终与家庭需求相匹配。

**2. 善用金融工具**

信用卡、消费贷款等金融工具可以提高资金使用效率，但要谨慎使用，控制好负债水平。

**3. 选择合适的产品**

货币基金、余额宝等理财产品都是不错的选择，但无论选择哪种产品，安全性都应是首要考虑的因素。

**4. 敏锐洞察市场变化**

投资机会往往隐藏在市场的变化之中，我们要时刻保持警觉，同时也要牢记风险控制的重要性。

现金储备这个“金融救生圈”虽然看似简单，却蕴含着深厚的智慧。它不是冰冷的数字，而是我们为家人筑起的一道坚固的安全屏障。让我们精心规划、持续更新这个“金融救生圈”，让它成为我们生活中的坚实后盾。无论前方的风浪有多大，有了它，我们都能安然无恙地航行在金融的海洋中。

托尼·罗宾斯，这位研究人生幸福30余年的专家告诉我们：人生的三大决策，关乎我们最大的幸福。首先，我们选择关注什么——是得到还是失去，是能控制还是不能控制。其次，我们去探寻这些事情的意义，因为意义产生情绪，情绪赋予生命活力。最后，我们根据这些意义和激情，去决定自己要做什么。因为关注带来意义，意义点燃激情，激情激发行动，而持续的行动，最终会引领我们走向改变——改变我们的人生。

成功的人有一个共同点：那就是他们始终如一地专注于自己的目标，他们拥有强烈的愿望、坚定的信仰和无尽的耐心，他们持续努力，只为实现心中的那个目标。

那些已经走向富裕的人已经掌握了一个秘密——能够预见未来的道路，而提前规划可能发生的事情是必不可少的步骤。

预见，才是真正的力量。那些总是落后的人，只在事情发生后才作出反应；而真正的领导者，却能洞悉先机。

我在生活中，几乎每天都在进行着关于金钱思维的练习，也正因为长期坚持这种思维练习方式，才成就了我的财富运气。

当我独处的时候，我会集中精力思考我最想得到的东西。而当我开始关注它的时候，它的形象就在我的脑海中被勾勒出来。最初，这种思考方式让我在工作中拥有了更强大的力量。慢慢地，这种思考便同智慧联系起来，给我带来了源源不断的新想法、计划甚至运气。

大多数人都高估了自己 1 年内能达到的成就，但同时，也低估了自己在 10 年、20 年里能创造的奇迹。

时间，是最好的证明。

第三部分

# 这样存钱越存越多：投资带来复利

# 选择可靠的伙伴：财富增长的秘密

想象一下，如果你在2004年底，只用1元钱开始投资，然后静静等待。不需要什么复杂的操作，只是简单地将所有股息分红和利息再次投入。光阴荏苒，转眼到了2023年，你猜，那1元钱会变成多少呢？

答案可能会让你大吃一惊！根据我们的测算，不同种类的资产，带来的回报是截然不同的。具体数据如何，我们一起来看图说话。图3-1展示了大类资产随经济周期波动。

即使是最少的投入，只要有足够的耐心和智慧的选择，也能收获意想不到的回报。每1分钱的投入，都有可能在未来开花结果，成为你财富树上的一颗硕果。

所以，不要小看任何1分钱的投入，也不要忽视时间的力量。

在中国A股市场，每年的投资回报率都大相径庭，这总让人感到像是在坐过山车。但有个有趣的规律：你持有的时间越长，赚钱的概率就越大。空口无凭，有数据为证！

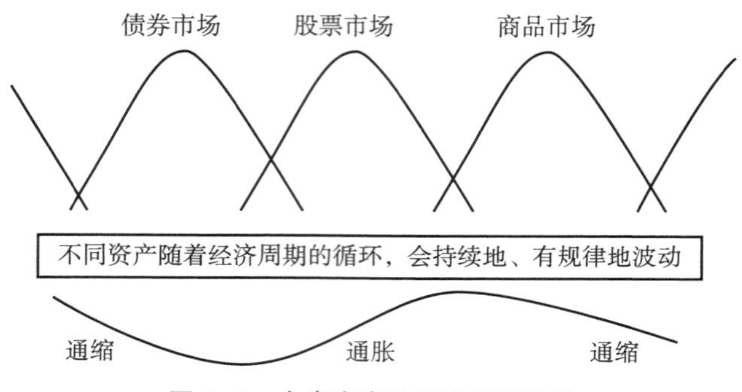


**图 3-1　大类资产随经济周期波动**

图片来源：智者研究院。

想象一下，如果你在 2014 年投了 10 万元进 A 股，然后稳稳地持有了 10 年，一直到 2023 年，你猜你能得到多少回报？最终能得到 17.7 万元的回报，平均每年，你的投资能增长 5.92%。是的，你没听错，这就是长期持有的魅力。

所以，投资不是短跑，而是一场漫长的马拉松。需要的是耐心和策略，而不是一时的冲动和盲目。想要稳扎稳打地增加财富吗？不妨试试长期持有，让时间来证明一切。图 3-2 展示了个人对风险投资的认知与选择。

你是否好奇，投资股票到底能从哪里赚钱？今天，就让我为你揭秘股票投资的 3 个收益法宝。

首先是“股息分红”。简单来说，就是上市公司将一部分利润以现金的形式，按照股东持股的比例分配给股东。这就像是你在公司里拥有一块“蛋糕”，当公司赚钱时，他们会根据你拥有的“蛋糕”的大小，再给你一部分“蛋糕”作为回报。这种分红虽然在你总投资中的占比不会很大，但它有一个很大的优点——稳定。

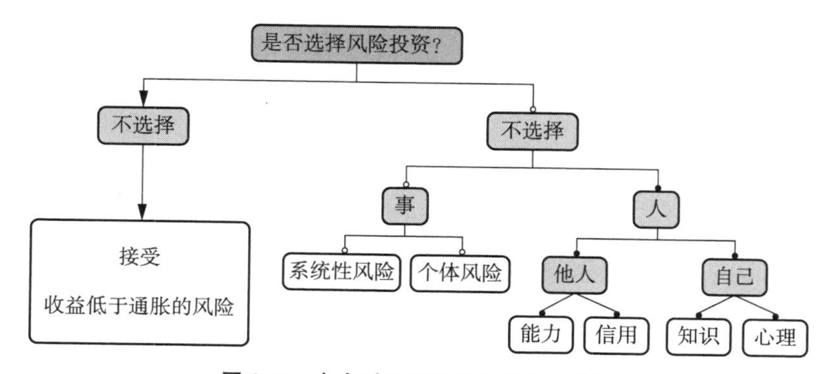


**图 3-2　个人对风险投资的认知与选择**

图片来源：智者研究院。

想象一下，你每年都能从公司那里得到一小块“蛋糕”，这样的收入是不是让你心里感觉踏实多了？

并不是所有的上市公司都会分红。有些公司可能会选择将利润进行再投资，以促进公司成长。比如在 2023 年，有 60% 的公司选择分红，而剩下 40% 的公司则没有分红。这并不意味着不分红的公司就不值得投资，但如果你是刚接触理财的小白，希望每年都能有一些稳定的收入，那么选择那些有分红历史的公司可能会更合适。

其次是“资本得利”。想象一下，你在商场看到一件特价商品，价格远低于平时，你决定买下来。过了一段时间，这件商品突然成了热门，价格飙升。你转手卖出，获得的利润就是你的“资本利得”，这是第二个股票投资的收益来源。在股票投资中，这件“商品”就是股票，而“特价”就是股票的低价买入时机。

资本利得，简单来说，就是股票价格的上涨。这部分收益通常占据了总收益的 60%～90%，可以说是股票投资收益中的“大头”。然而，高收益往往伴随着高风险，资本利得的波动也是相当大的。

举个例子，假设你以每股 10 元的价格买入 100 股某公司的股票，总投资 1000 元。一段时间后，股价上涨到每股 15 元，你决定卖出。此时，你的资本利得为每股 5 元，总计 500 元。这就是你的收益。

然而，股票市场变幻莫测，资本利得的波动幅度很大。有时，股价会大幅下跌，导致资本损失。因此，在追求资本利得的同时，也要注意风险管理，合理安排投资组合。

最后还有一项隐藏的收益——“分红再投资”。它能让你从股息中获得额外收益。简单来说，就是把公司分给你的现金红利，再用来购买公司股票。这样做的好处是，你可以用这些红利买到更多的股票，从而在下一次分红时，获得更多的红利。这就是复利的魔力。

举个例子，假设你持有 100 股某公司的股票，每年公司会分红，每股分 1 元。如果你选择将这 100 元红利再投资，购买更多的股票，那么下一年你就能得到更多的分红。随着时间的推移，你的股票数量和分红金额都会不断增加，就像雪球一样越滚越大。

这是一个很好的长期投资策略。它不仅能带来稳定的现金流，还能让你的投资组合随着时间的推移而增长。虽然短期内你可能看不到太大的变化，但长期来看，这种策略能为你的投资带来可观的增值。

想知道为什么同样的投资，收益却千差万别吗？其实，这都与风险溢价密切相关。简单来说，每种资产因为承担的风险不同，所以要求的回报也就各不相同。想象一下，你站在超市的货架前挑选商品。不同品牌的牛奶的价格有差异，质量也参差不齐。同样，在投资的世界里，股票、债券等资产也各有“身价”，这背后，就是风险溢价在作祟。

股票有风险溢价，因为它可能大起大落，让人心跳加速；债券有期限溢价，则是因为你要等待更长的时间才能拿回本金和利息；还有通胀率，它像个小偷，悄悄偷走你的财富。

所以，选择哪些资产进行投资，就像是在超市里挑选商品一样，需要仔细比较、精打细算。不仅要考虑收益，更要考虑自己能承受多大的风险。这样，你的投资之路才能更加稳健，财富才能稳步增长。

基金投资中容易导致失败的心理特征见图 3-3。

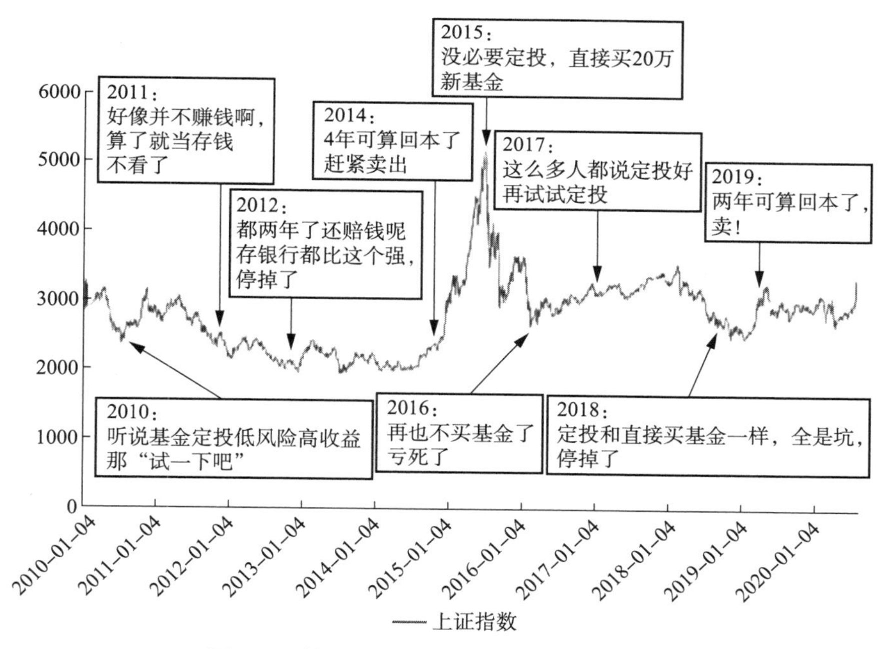


**图 3-3 基金投资中容易导致失败的心理特征**

图片来源：智者研究院。

上面的数据告诉我们，想让资金增值并抵御通货膨胀，投资是必由之路。但许多人感到迷茫，不知道如何加入这个“游戏”。毕竟，大家或多或少地都听过亲友在股市失利的经历。

说起投资界的传奇，不得不提埃德温·勒菲弗笔下的杰西·利弗莫尔。《股票作手回忆录》中记录的杰西·利弗莫尔的生平，简直就像一部金融市场的热血传奇，从 14 岁那年的 5 美元起步，到后来的亿万身家，他的一生跌宕起伏。29 岁就成了百万富翁，52 岁时身价已达 1 亿美元！在 1929 年的大崩盘中，他凭借做空操作赚得盆满钵满，被誉为“疯狂的大空头”。

杰西·利弗莫尔坚信，要想在这个“游戏”中立足，就必须信赖自己的直觉和判断。他深知，没有人能提供所谓的“内幕消息”来确保你持续盈利。

你可能觉得自己没有杰西·利弗莫尔那样的天赋，就注定与投资无缘。但我要告诉你，这绝对是个误解。我亲身实践了 4 年，投入了 7 位数，证明了哪怕是对投资一窍不通的小白，也能在股市中找到自己的位置。

我之所以先说这些，是想让你明白，投资能够盈利的秘诀——就是分享国家经济增长的果实。

记住，如果你对国家的前景缺乏信心，没有宏观的视角，那么你可能只能赚些小钱，想赚大钱就难了。这个格局听起来很抽象，但在那些关键的 1% 的时刻，它就是支撑你坚定信念的力量。

成功的投资取决于什么？是制订一个长期有效的策略，并且坚持它，摒弃那些短期的、赌博式的投机行为。

接下来，我会仔细说明这个策略的每一步。准备好了吗？让我们一起踏上这段稳健投资的旅程吧！

# 市场征服者：在波动中发现增长的秘密

想象一下，炒股就像是一场没有尽头的过山车，有时它会带给你上升的刺激，但有时也会让你体验心跳的快速下降。这种不确定性，对于很多想要稳定投资的人来说，可能就像是一场赌博。不过，有一个选择，可以让你的投资之旅变得更加平稳，那就是指数基金。

## 指数基金：多元化投资的选择

在当今这个充满变数的投资世界里，许多人都在寻找一种既稳妥又能带来收益的投资方式。指数基金，作为一种越来越受欢迎的投资工具，逐渐成为人们多元化投资组合中的亮点。那么，指数基金究竟有哪些优势和劣势呢？

首先，让我们看看投资指数基金的优势。想象一下，你手中有一把雨伞，无论遇到多大的风雨，都能为你遮风挡雨。指数基金就像这把雨伞，它通过分散投资于多只股票，降低了个别股票的风险。这样一来，即使某只股票表现不佳，其他股票的稳定表现也能确保你的投资组合整体上仍然能够带来稳定的收益。这就是我们常说的“东边不亮西边亮”。

其次，指数基金的管理费用相对较低。就像你在购物时喜欢选择性价比高的商品一样，投资指数基金也是如此。由于指数基金不需要频繁地买卖股票，其管理费用和交易成本相对较低，这无疑为你节省了一笔不小的开支。

最后，因为指数的编订规则，指数基金会定期替换掉劣质的股票，加入优质股票，就像会自动新陈代谢的大树一样，生生不息。

然而，投资指数基金也有其劣势。想象一下，当你参加一场马拉松比赛时，你的速度始终保持在平均水平。投资指数基金也是如此，它的收益往往与市场的平均水平相当。这意味着，在市场繁荣时期，你的收益可能不如投资于某些热门股票；不过在市场低迷时期，你的损失也会相对较小。

因此，如果你追求的是超越市场的高收益，那么指数基金可能并不适合你。但如果你只需要分享经济成长的成果，指数基金则非常适合你。

当然，找到一个专业的投资顾问，就像是有了一个私人教练，他们会帮你制订长期的投资计划，选择合适的投资组合。

就连投资大师沃伦·巴菲特也说过，对于我们这些非专业人士来说，试图挑选出几只赢家的股票，就像是在大海中寻找几片闪光的贝壳一样困难。我们更好的选择是拥有所有代表性企业的股票，而一个低成本的指数基金，就是实现这个目标的最佳途径。

我们都知道，一个国家的经济，就像是一条蜿蜒向前的河流，尽管会有曲折，但总体趋势是向前流淌的。同样地，只要国家的经济持续增长，股票和债券的市场指数就像河岸上的树木，会随着时间的推移而茁壮成长。这是因为它们的根，深深地扎在了国家 GDP 的沃土之中。

接下来，让我们一起来看看代表中国股票市场的万得全 A 指数、代表中国债券市场的中债综合财富指数，以及我国 GDP 的长期走势图（见图 3-4），它们就像是国家经济森林中的参天大树，见证着我们的成长和繁荣。

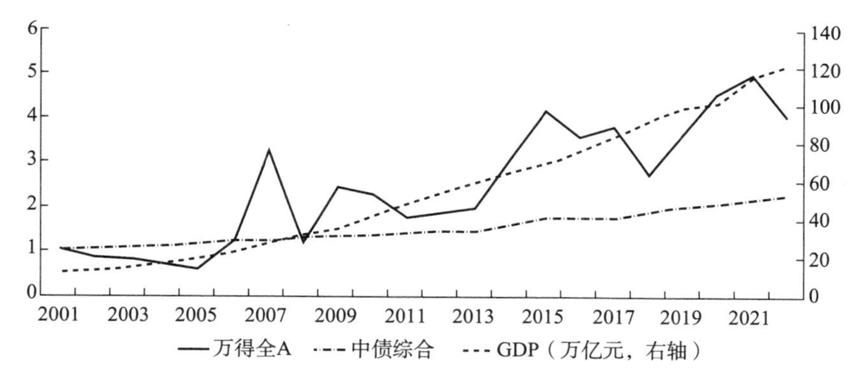


**图 3-4 万得全 A 指数、中债综合财富指数以及中国 GDP 在 2001—2021 年的表现**

数据来源：万得。

想象一下，股市就像是一位性情多变的老先生，他的情绪起伏不定，时而兴高采烈，时而心情沉重。这种波动性是金融市场的一种常态，它受到很多因素的影响，如经济指标、公司业绩、政治事件，以及投资者的情绪。就像一阵风吹过，湖面总会泛起涟漪。

预测股市的这种波动，对于普通投资者来说，可能就如同试图预测一位脾气古怪的老先生下一步会做什么一样困难。他的情绪波动不仅难以预测，还可能影响到周围的人，就像金融资产价格的波动可能会引起市场的连锁反应一样。

尽管如此，股市的脾气并非完全难以捉摸。它有一定的周期性，受到经济周期、季节变化和政策调整等因素的影响。对于投资者来说，长期投资就像是选择在一个适宜的天气出海，可以降低遭遇暴风雨的风险。长期持有合适的投资标的，可以帮助我们抵御短期市场波动的干扰。

前文提到的万得全 A 指数和中债综合财富指数，就如同投资海洋中的两艘大船，一艘代表着股票市场，另一艘代表着债券市场。而指数基金，就像是让我们搭上这些大船的通行证，它让我们能够轻松地跟随市场的整体趋势，而不需要亲自去挑选每一只股票或债券。

有些人可能会想，如果我把所有的指数基金都买下来，是不是就能避免单一股票或债券可能遇到的极端风险呢？答案是肯定的。构建一个包含多种指数基金的组合，就像是组建一个多元化的团队，每个成员都有自己的长处，共同为你的投资目标努力。

在股票市场中，选择股票就像是在茫茫大海中寻找一艘优秀的船只，需要深入研究和判断。而投资指数基金，就像是选择了一支舰队，而舰队中的每艘船都在复制和追踪市场的整体表现。无论是沪深 300 指数、中证 1000 指数、中证 500 指数，还是科创板 50 指数，它们都能为你的投资组合增添活力。

而债券指数基金，就像是投资组合中的定海神针，稳健而可靠。从长期来看，股市和债券市场就像是跷跷板的两端，当一方低迷时，另一方往往能够挺身而出。通过巧妙地搭配长期或短期的债券基金，我们可以更有效地分散风险，让投资组合更加稳健。

通过这样的配置，当股票市场下跌时，其他类资产可能会上涨，从而对冲部分风险，提升整体投资组合的收益率。就如同在足球比赛中，有了既能冲锋又能防守的队员，球队才能在比赛中取得更好的成绩一样。

## 投前必读：构建你的投资体系

在踏入投资世界之前，确实需要深思熟虑你的投资体系和策略。这里有一个详细的思考框架，可以帮助你构建自己的投资体系。

首先，明确你的投资目标。你的目标应该是具体的、可实现的，同时要评估你现有的知识和技能是否能够支持你达成这些目标。

一旦确定了投资目标，无论你是投资领域的新手还是只有有限的经验，都可以通过上面的建议来决定你的股票和债券账户的比例。记住，作为投资新手，建议你先将更多的比例分配给债券，比如 90% 的债券仓位和 10% 的股票仓位，这样你可以先适应市场的波动，看看是否能够承受。

投资是一个长期的过程，如果你选择了较高比例的股票仓位，比如 30% 以上，建议你的投资期限至少是 5 年，这样你实现预期收益率的概率才更大。

在投资的过程中，无论市场如何变化，都应避免轻易调整你的仓位比例。比如，你一开始选择了股票和债券指数基金各占一半的仓位。即使市场表现不佳，在你设定的投资期限内，也不要随意改变这个比例。如果你有额外的资金可以投入，可以按照原有的比例追加投资，保持股票和债券仓位的平衡。

通过这样的策略，你可以更好地管理你的投资组合，以抵御市场的波动，同时保持长期的投资纪律。记住，耐心和坚持是投资成功的关键。

投资体系构建示意如图 3-5 所示。

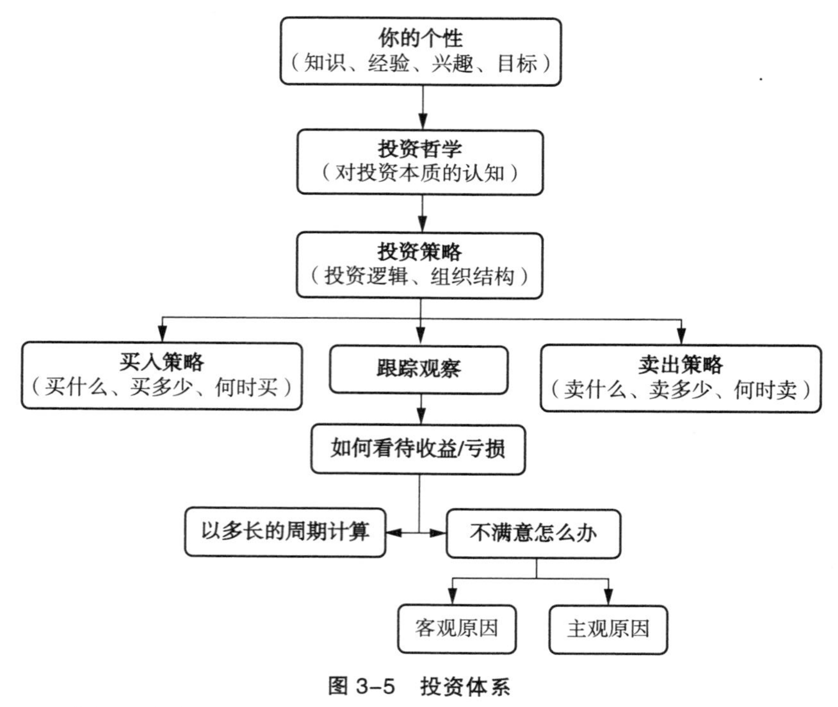


图 3-5　投资体系

图片来源：智者研究院。

股债搭配组合不仅是购买一只指数基金和一只债券基金那么简单，关键在于选择哪些具体的指数基金，以及每种基金在组合中所占的具体比例。这些决策对投资策略和最终收益有着深远的影响。

放眼全球，真正能够长期稳定胜出、穿越周期的机会是非常有限的，那些能够改变世界的公司寥寥无几。对于我们这些非专业人士来说，挑选单只股票确实有难度。因为选股之后，还得不断地关注这个公司是否还在按照既定的方向前进，如果不是，就得迅速脱手。

我们在投资时，要有安全边际的概念。在做出投资决策时，要考虑自己能否接受可能的损失，这一点至关重要。

图3-6清晰地展示了长期投资中收益、回撤与周期之间的关系。

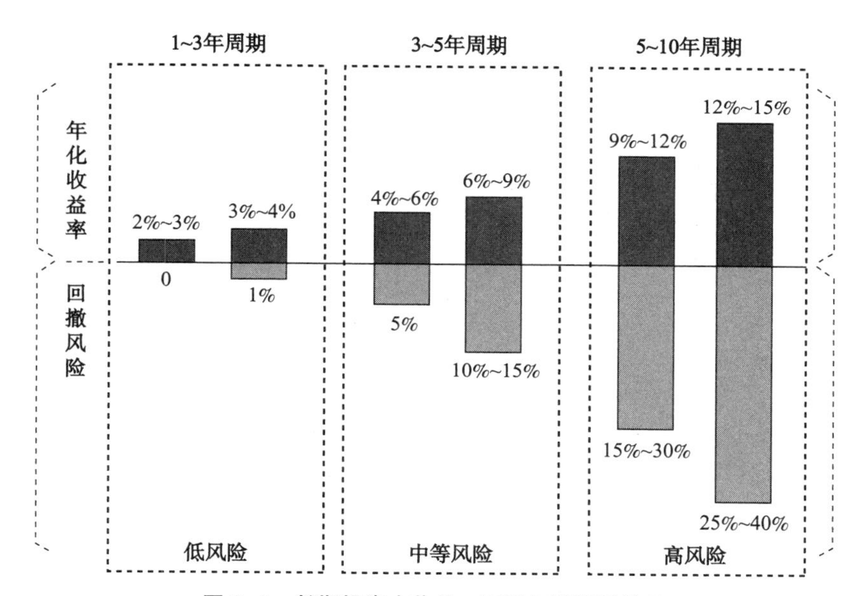


**图3-6 长期投资中收益、回撤与周期的关系**

图片来源：智者研究院。

数据来源：wind。

投资中的“回撤”，你可以理解为投资价值从高点下降的过程。想象一下，你有一笔钱，决定用它来投资某只股票，一开始，股票的价格一直上涨，你的投资价值也在增加，但突然有一天，股票的价格开始下跌，投资价值也随之减少。这就是投资中的“回撤”。

举个例子，假设你投资了一只股票，它最初的价格是每股 100 元。后来涨到了每股 150 元，你的投资价值增加了。但随后股票价格下跌到每股 120 元，这时你的投资价值就出现了回撤，幅度就是每股 30 元。

投资中的回撤是你在投资时需要关注的一个重要指标，因为它关系到投资的风险和收益。当股票价格下跌时，投资者的投资价值也会受到影响。因此，投资者需要根据自己的风险承受能力和投资目标，合理控制投资组合，以减少回撤带来的风险。

长期持有股票确实能够带来可观的回报，但在现实中，很多人因为市场的剧烈波动而早早离场。因此，采用股票和债券结合的策略，能够有效地帮助我们稳定地收获最终收益。

为了实现最佳的投资效果，寻求专业投资顾问的帮助是非常必要的。他们可以根据你的独特投资目标和风险承受能力，为你量身打造最合适的股债搭配组合。

如果你身边没有这样的专业投资顾问，我很乐意帮助你打造适合你的投资策略和股债搭配组合。在制订长期投资规划时，明确你的财务目标和风险承受能力是关键。一个合理的规划应包括定期的资产评估、风险管理和预期收益调整。

记住，稳健的投资策略是追求收益与风险之间的平衡。

无论你采用哪种投资方式，一定要记住保住本金永远是首先考虑的因素。盲目跟风往往伴随着不确定的风险。

学会识别并避免陷入投资陷阱是每个投资者的必修课。那些看似诱人的“高收益保证”很可能只是庞氏骗局。真正的投资机会需要你在进行深入的市场分析和研究之后才能发现。

投资是一场马拉松，不是一场百米冲刺。耐心、稳健和长期的坚持是成功的关键。通过精心规划和专业指导，你可以更好地实现你的财务目标，同时保持投资组合的稳定性和成长潜力。

实现预期收益的理想过程与实际过程见图 3-7。

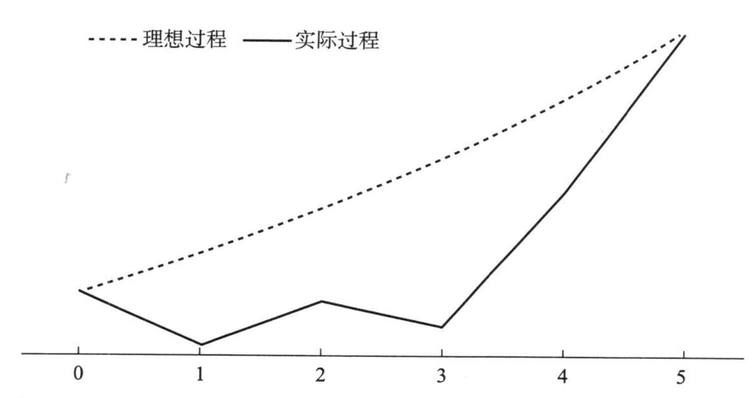


| | 理想过程 | 实际过程 |
|---|---|---|
| 第1年 | 15% | -20% |
| 第2年 | 15% | 20% |
| 第3年 | 15% | -10% |
| 第4年 | 15% | 60% |
| 第5年 | 15% | 45% |
| 复合年化收益率 | 15% | |

**图 3-7　实现预期收益的理想过程与实际过程**

图片来源：智者研究院。

# 投资堡垒：打造坚不可摧的资产防线

投资，这事儿不像是数学公式，没有一个策略能保证在任何时候都屡试不爽。所以，作为投资者，你得有点概率思维。

咱们来看看现实中的中国投资者，一般能实现多高的年化收益率。如果我们以中证全指过去 15 年的复合年化收益率 10.55% 作为一个参考，不妨问问你自己，或者那些有多年投资经验的朋友，有多少人真正达到了这个水平？

都说中国股市“七亏二平一赚”，那么投资基金的朋友表现得又如何呢？让我们来看看一只中国非常知名的公募基金。从 2003 年到 2015 年，这只基金的总盈利高达 17 倍，这几乎接近了股神巴菲特的水平。

我深入研读过关于巴菲特的多部著作，包括他亲自撰写的以及其他作者写的关于他的作品。我发现，巴菲特之所以被誉为“股神”，关键在于他坚守的那几个逆向思维原则。当大多数人急于通过短线交易快速获利时，巴菲特却选择了长期持有股票，有时甚至超过 10 年。他对本金安全的重视程度极高，即使没有面临收益的风险，他也会毫不犹豫地退出，正是这种谨慎的态度，才让他的财富稳步增长。

在我的日常投资理财中，我也努力践行巴菲特的原则，并且取得了显著的效果。巴菲特曾说："投资的首要原则就是保护本金。"他的一生都在遵循这一基本投资原则，这一原则也是我们在投资领域稳固前进的基石。

## 股债搭配：风险与收益的平衡

现在，让我们来看看图 3-8 股票和债券的走势对比图，以及表 3-1 股债指数历年收益率，了解这种投资组合策略是如何提高整体收益率的。

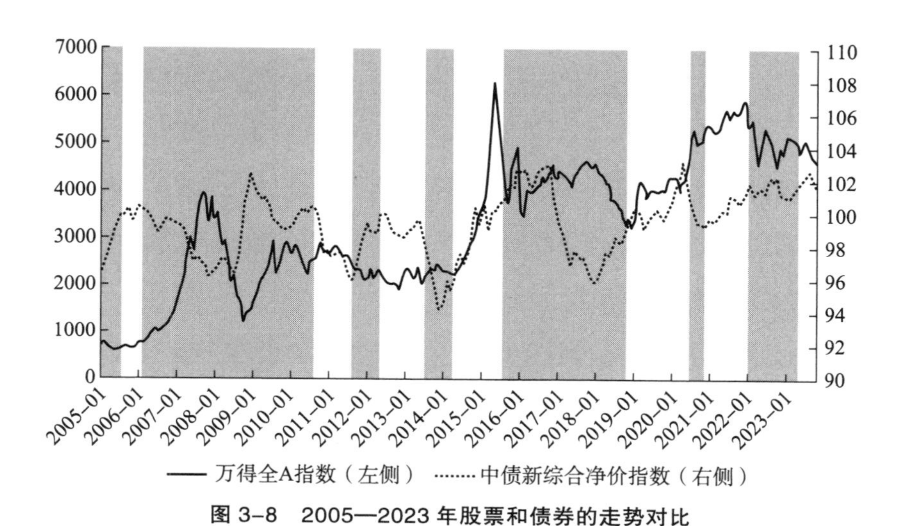


**图 3-8　2005—2023 年股票和债券的走势对比**

数据来源：万得。

表 3-1　2005—2019 年股债指数收益率

| 时间（年） | 中债综合（%） | 中证全指（%） |
| --- | --- | --- |
| 2005 | 9.80 | −10.99 |
| 2006 | 2.88 | 112.17 |
| 2007 | −0.80 | 170.88 |
| 2008 | 11.87 | −64.06 |
| 2009 | −0.32 | 106.46 |
| 2010 | 2.05 | −3.77 |
| 2011 | 5.33 | −28.01 |
| 2012 | 3.60 | 4.58 |
| 2013 | −0.47 | 5.21 |
| 2014 | 10.34 | 45.82 |
| 2015 | 8.15 | 32.56 |
| 2016 | 1.85 | −14.41 |
| 2017 | 0.24 | 2.34 |
| 2018 | 8.22 | −29.94 |
| 2019 | 4.59 | 31.11 |

数据来源：智者研究院。

很明显，股票和债券在多数时段呈现出相反的走势，就像是在玩“跷跷板”。因此，将股票和债券结合起来，可以有效地降低股票市场的波动性带来的风险。

如果你对市场波动感到担忧，那么首先需要做的是根据自己的风险承受能力或投资目标，在战略上设定一个合适的股票和债券比例。这个比例将是你投资组合的基石，决定了你投资组合的波动性和预期收益。

一般来说，股票仓位越低，你的投资组合波动性就越小，但相应地，长期收益也可能会有所降低。盈亏同源，这是一个基本的投资规律。因此，在设定股票和债券的比例时，你需要权衡自己的风险偏好和收益目标。

比如，如果你是一个风险厌恶型的投资者，可能会设定一个较低的股票仓位，以确保投资组合的稳定性。

相反，如果你愿意为了追求更高的长期回报而承担一定的波动风险，那么你可以设定一个较高的股票仓位。

记住，投资是一场马拉松，而不是短跑。设定合理的股票和债券比例，并长期坚持，往往能够帮助我们在波动的市场中保持冷静，最终实现我们的投资目标。

2014—2019 年平均年化回报率与平均年化波动率如图 3-9 所示。

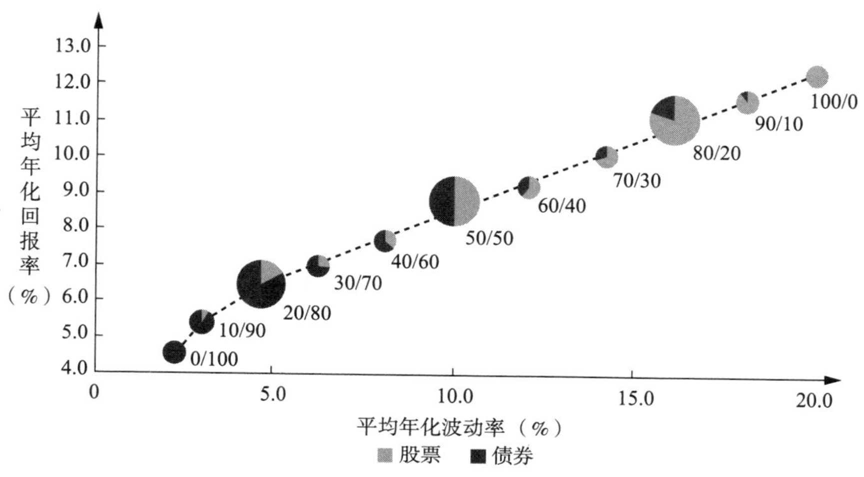


**图 3-9 2014—2019 年平均年化回报率与平均年化波动率情况**

资料来源：智者研究院使用 Wind 数据计算。

## 策略升级：动态管理模型

需要注意的是，前文中介绍的方法，对冲效果是有限的，而且是被动的。有没有什么方法能够进一步地降低风险呢？答案是肯定的。

影响股市波动的因素有很多，包括宏观经济环境、企业估值水平、市场资金充裕程度、市场情绪等。如果我们对这 4 个方面的数十项指标进行量化分析，并用客观的分析结果对股票仓位进行动态调整，就可以尽量实现“削峰填谷”，让你的投资体验更加平稳和舒适。

当然，这种对指标的量化分析需要由专业的投资研究团队来完成。我采用的是“智者研究院”的动态管理模型来指导每月的仓位设定。

动态管理的效果令人惊喜，在我展开讲述之前，让我先用简单直白的话语，帮你弄懂几个高深的专业名词。这样一来，接下来的内容就会像老朋友讲故事一样，让你感到亲切易懂。准备好了吗？让我们一起走进这个知识的天地。

**总回报：**这就像是你在一场比赛中最终得到的总分。它包括了你在投资期间获得的所有利润和损失，是你在开始投资时投入的本金和最后拿到的钱之间的差额。比如，你投资了 10000 元，最后拿回了 11000 元，那么你的总回报就是 1000 元。

**年化复合收益率：**想象一下，你把一笔钱放在一个能够每年产生利息的账户里，而且利息还能再生利息。年化复合收益率可以告诉你每年你的投资增长了多少。假设你的利息每年都被重新投资，比如，你投资了 10000 元，1 年后变成了 10500 元，那么你的年化复合收益率就是 5%。

**年化波动率：**这就像是测量投资的"心跳"。它告诉你投资的价值在 1 年内上下波动的程度。波动率越高，意味着你的投资可能会经历越多的起伏。想象一下，年化波动率高的投资就像是坐上了一趟刺激的过山车，而年化波动率低的投资则更像是坐上了平稳的旋转木马。

**最大回撤：**这指的是在你投资的过程中，投资价值从最高点下降到最低点的幅度。比如，你的投资从 10000 元涨到了 12000 元，然后又跌回了 10500 元，那么你的最大回撤就是 1500 元。

**夏普比率：**这是一个用来衡量投资的风险调整收益的指标。简单来说，它帮助你了解每承担 1 单位的风险，能得到多少回报。夏普比率越高，意味着你得到的回报相对于承担的风险来说越高。想象一下，你在买冰激凌，夏普比率高的就像是花一定的钱买到了一个很大很甜的冰激凌，而夏普比率低的就像是花同样的钱只买到了一个小的、不太甜的冰激凌。

假设都是 50% 的股票仓位和 50% 的债券仓位，平衡型动态择时，在市场不佳时将股票仓位降低到 0。而另外一个账户（50/50）不进行股债仓位调整。我们回顾一下从 2005 年到 2020 年的投资表现（见表 3-2）。

表 3-2　2005 年 1 月至 2020 年 8 月万得全 A、50/50 财产、平衡型账户的比较

| 时间 | 账户类型 | | |
|---|---|---|---|
| 2005 年 1 月—2020 年 8 月 | 万得全 A | 50/50 | 平衡型 |
| 年化复合收益率（%） | 13.10 | 9.93 | 13.26 |
| 年化波动率（%） | 30.22 | 14.97 | 12.11 |
| 最大回撤（%） | −68.61 | −38.98 | −15.11 |
| 夏普比率 | 0.483 | 0.552 | 0.898 |

资料来源：智者研究院。

显而易见，运用动态管理策略的平衡型账户，大幅降低了风险，最大回撤不到全部投资万得全 A 的 1/4、不做仓位调整的 50/50 账户的 40%。

更令人眼前一亮的是，其年化复合收益率居然还超越了全部投资万得全 A，并将 50/50 的账户远远甩在身后。

这一切都指向一个清晰的事实：在投资的海洋中航行，通过精心地组合股票和债券，我们可以有效控制风险的波动。而凭借根据市场变化灵活调整的策略，我们不仅能承受更低的波动，还能在面对可能的亏损时保持镇定。这样的策略，不仅能够稳健地积累我们的财富，还能让我们在市场的起伏中，保持一颗平静而自信的心。

动态平衡策略的核心优势在于它的稳健性。它不试图在市场的波动中追逐最高的收益，而是通过调整股票和债券的比例，来平衡风险和收益，从而在长期投资中实现更加平稳的资产增值。以初始投资 1 元的走势来分析，如图 3-10 所示。

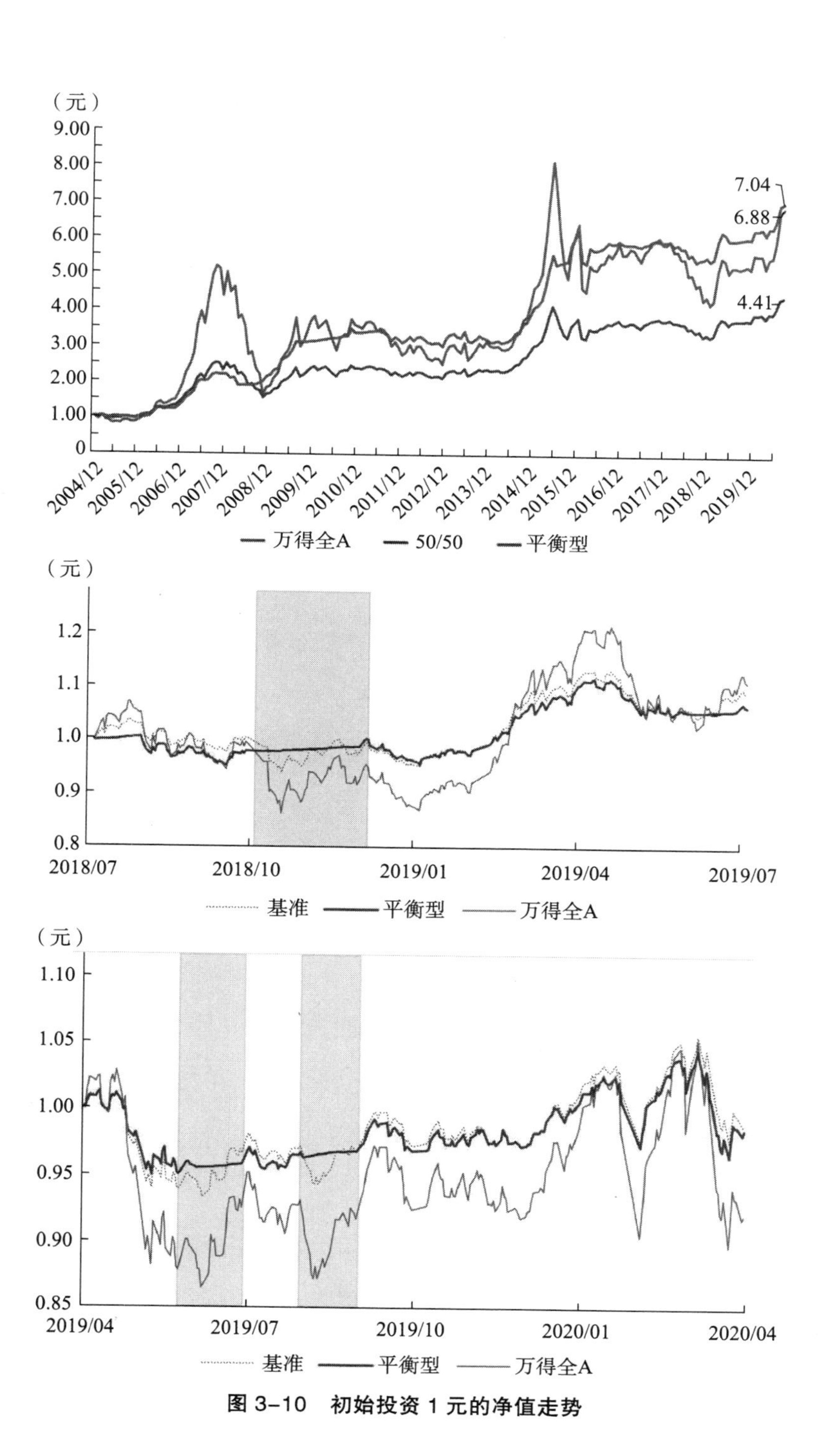


**图 3-10　初始投资 1 元的净值走势**

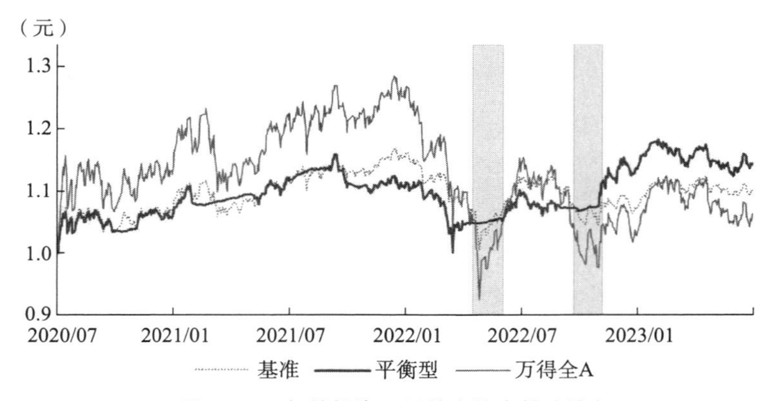


**图 3-10　初始投资 1 元的净值走势（续）**

图片来源：智者研究院。

记住，任何投资策略都有其优势和局限性，关键是找到适合自己的策略，并且坚持执行。平衡型策略适合那些希望在保持资本增值的同时，减少市场波动影响的投资者。

前面是在实验室获得的数据，在真实的投资环境下，智者研究院的动态管理模型还会有效吗？

自 2015 年踏足指数基金投资领域，我亲历了市场的潮起潮落，见证了两次凶猛的熊市。2015 年遇到熊市时，我和大多数人一样坚持定投，过程中的煎熬一言难尽。

2021 年 9 月起，我开始采用智者研究院的“股债搭配、动态调整”的策略，将长期战略与短期战略巧妙融合，在接下来的 3 年内，36% 的市场大跌的账户也只不过小亏 13%，波动性显著降低，投资之路更加稳健（见图 3-11）。

在市场暴跌时，保住本金是关键，这样在市场回暖时，我们才能迅速抓住收益。正如股神巴菲特常言：投资的首要原则就是保住本金。这不仅是智慧，更是投资成功的基石。

这种策略的核心在于它能够根据市场情况动态调整风险敞口，而不是被动地坚持固定的资产配置。通过这种方式，投资者可以在保持长期投资目标的同时，减少短期市场波动对投资组合的影响，从而在长期投资中获得更稳健的回报。

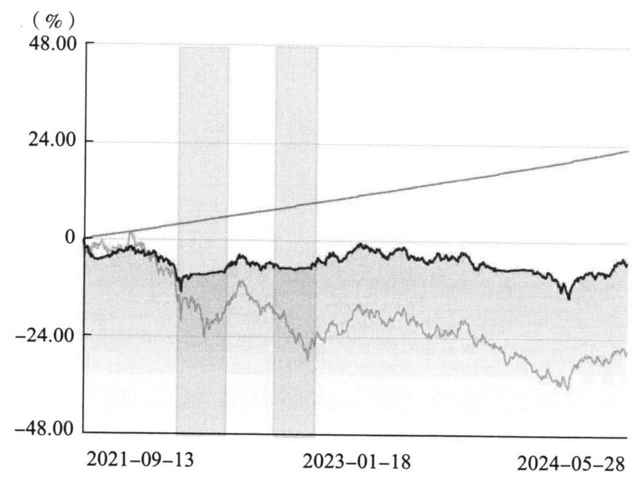


**图 3-11 2021—2024 年投资实盘示意**

图片来源：智者研究院。

当然，再厉害的团队，也不可能做到 100% 的择时准确，智者研究院的模型就常常有判断错误的时候，但即使这样，结果也令人惊叹！

## 风险与回报：长期获胜概率分析

投资确实不是一门精确的学问，没有任何策略能够保证在所有时间段内都有效。因此，对长期获胜的概率进行分析至关重要。我们需要评估不同策略在各个持有年限下获得正收益的概率，以便更好地理解每种策略的长期表现和风险特征。通过这种分析，投资者可以更加明智地选择适合自己的投资策略，以实现长期的投资目标。

投资成功的关键，往往在于耐心和时间。就像我反复提到的，持有时间越长，取得正收益的概率就越大。因此，做好资金规划，为长期投资和复利效应做好准备，是每个投资者的必修课。

另外，投资收益的高低，也受入场时机影响。遗憾的是，没有人能够精确预测市场。延长投资期限，是等待市场均值回归的好方法。

市场上总会有所谓的“好产品”：收益高，风险小，投资期短。但如此不符合投资常识的产品，大概率是假的。如果将来你看到这样的产品，请用图 3-6 里的数据来对比分析一下。

在经济波动时期，投资可以是一种有效的自我保护方式。采用股债搭配和动态调整的策略，可以帮助投资者的资产在经济波动中保持稳健。

约翰·博格，被誉为指数基金之父，是先锋集团的创始人。他的投资基本原则强调了资产配置的重要性、分散投资的必要性以及避免频繁交易的重要性。这些原则对于投资者在全球市场中的稳健投资具有重要的指导意义。

好的投资理念其实很简单：不断地储蓄，直到你的投资收益能够维持你的生活水平，进而实现财务自由。这是我们可以努力追求的目标。

第四部分

# 想早早退休该如何存钱：养老与财富传承

# 退休不是终点：确保财富与家庭和谐的关键

在我们的生命中，总有一个阶段，被岁月温柔地洒上一抹银霜，那就是我们的晚年。有人可能会满足于平淡的老年生活，认为随着年龄的增长，生活的需求会简化，养老金的多寡似乎不再重要。但是，我们真的能对晚年生活毫无所求吗？

“岁月不是剥夺，而是赋予，每个阶段都有它独特的光芒。”在这个充满活力的新时代，老年生活已经展现出全新的面貌。它不再是单调的闲适无为，而是一个充满无限可能的新起点。老年大学和在线平台如雨后春笋般涌现，提供了丰富多彩的兴趣课程，如绘画、舞蹈、音乐等，为老年人的黄金岁月增添色彩。

中国老年大学协会的数据显示，截至 2020 年，中国已有超过 4.5 万所老年大学和老年教育机构，学员人数超过 400 万，这充分表明了老年人对学习和发展的巨大需求。学习不是年轻人的专利，而是终身的事业。

在城市的某个宁静的角落，阳光透过斑驳的树影，洒进了一间充满艺术气息的工作室。画布前的李阿姨，一头银发梳理得整整齐齐，她的眼神专注而坚定，手中的画笔轻轻舞动，仿佛在讲述一个关于时光的故事。李阿姨的故事是众多退休后追求梦想的老年人的一个缩影。根据《中国老年报》的一项调查，超过70%的老年人认为退休后继续学习和参与社会活动对他们的生活质量和心理健康有着积极影响。

李阿姨曾在办公室里忙碌，她的生活被工作填满，而心中对艺术的渴望始终未能触及。直到有一天，退休后的她在公园的长椅上遇到了一位正在画素描的老人，老人的笔触舒缓而有力，每一笔描摹都如纸张上跳跃的生命。那一刻，李阿姨心中的艺术火种被点燃。

她决定报名参加老年绘画班，开始她的绘画之路。每周，她都会来到这间工作室，与其他志同道合的老年朋友一起，学习绘画的技巧，分享彼此的艺术梦想。在这里，李阿姨的笑容更加灿烂，她的眼中闪烁着对生活的热爱。

随着时间的推移，李阿姨的绘画技巧日益精进。她的作品开始展现出独特的风格，那些色彩斑斓的画作，不仅描绘出了她眼中的世界，更映射出了她内心的情感和故事。在画展上，她的作品赢得了观众的赞誉和掌声，甚至还有画作被收藏家相中，为她的退休生活增添了一份额外的收入和成就感。

除了李阿姨，还有无数退休者生活的精彩故事在上演。张叔叔通过志愿者活动在社区发挥余热，与年轻人的交流为他的生活注入了新的活力；赵阿姨则利用专业知识在线上授课，不仅传授知识，更获得了稳定的收入和满满的成就感。

这些故事展示了退休生活不仅可以是一段静谧的时光，还可以是一场充满激情和创意的探险。他们的经历激励着无数即将步入晚年的朋友，告诉他们：退休不是生活的终点，而是新生活的起点。

科学研究也揭示了积极参与社会活动和持续学习对老年人心理健康的深远影响。这些活动不仅能够延缓认知功能的衰退，还能显著提升老年人的生活质量和幸福感。根据《美国老年医学会杂志》的一项研究，参与社会活动和终身学习的老年人，其心理健康状况比那些不参与社会活动的老年人要好得多。

保健品在老年生活中也占据了重要地位，尤其是对那些空巢老人和受慢性病困扰的老年人来说。保健品市场的蓬勃发展预示着未来还有着巨大的增长潜力。身体健康是晚年最大的财富。根据中国保健协会的数据，中国老年保健品市场的规模已超过 300 亿元，预计到 2025 年将达到 500 亿元。

在《银发经济蓝皮书》中，我们看到了银发族群在旅游市场中强大的影响力。报告显示，超过 6 成的银发族群每年都会选择出游至少 3 次，特别是 45~64 岁的年轻银发族群。这一数据充分说明银发族群已经成为国内旅游市场的一支重要力量。根据携程旅行网的数据，银发族旅游市场规模已占整体旅游市场的 20% 以上，且呈现逐年增长的趋势。

然而，养老金的问题仍然是我们不得不面对的挑战。养老金，不仅代表着金钱的储备，更代表着晚年生活的尊严和自由。中国社会科学院的一项研究显示，中国老年人的养老金替代率普遍较低，仅为 40%～50%，这意味着退休后的收入水平可能会大幅下降。

金钱不应成为家庭关系的障碍，而应是和谐生活的基石。

2023 年 10 月 23 日，上观新闻发布的一篇题为《上海一 93 岁老人起诉 60 多岁子女要赡养费，“老养老”等新问题该怎么解？》

的报道，深刻揭示了老年人与家人间的主要矛盾——金钱。这不禁让我们思考，如何在年老时确保有足够的财富，以避免家庭纷争。

钱阿婆的故事是一个典型例子。她将动迁所得的 8.8 万元全部用于帮小儿子购置新房，并期望小儿子能承担起她今后的所有费用。钱阿婆之后一直住在小儿子家，直到 2022 年因家庭矛盾搬入护理院。她的退休金仅为每个月 5000 元，却面临着每月 7000 元的费用。

在这样的经济压力下，钱阿婆向法院提起诉讼，要求其他子女也承担赡养费。面对小儿子曾经获赠的情况和自身经济能力的局限，二儿子和女儿最初并不愿意分担费用。钱阿婆在庭审中表达了她的愿望：她希望在不给子女添麻烦的前提下，得到他们的赡养。经过法院的调解，家庭成员最终达成共识：小儿子每月支付 900 元，而其他两个孩子每月支付 500 元赡养费。

这样的故事并非孤例，而是社会普遍现象。上海静安法院的数据显示，赡养纠纷案件中原告多为老年人，反映了老年人在金钱上的需求与困境。这些故事让我深刻反思：如何确保终身拥有财富，避免家人因金钱反目成仇？我们应该提前规划自己的财富渠道，确保在年老时有足够的经济保障。同时，也要加强与子女的沟通，让金钱不再是家庭矛盾的导火线。只有这样，我们才能在晚年享受到真正的天伦之乐。

财富传承，不仅是金钱的传递，更是情感的延续和责任的传递。我们应将财富视为一种工具，用来实现我们的家庭目标和梦想。通过合理的财富规划，我们可以确保我们的家庭在未来的日子里，无论面临何种挑战，都能够保持稳定与和谐。

在接下来的章节中，我们将一起探索如何规划一个与众不同的“第三人生”，一起探讨“退休革命”的可能性。同时也会触及“永恒的财富”这一话题，为你揭秘跨世代财富传承的计划与策略。让我们携手开启这段旅程，为你的未来和家族的明天，打下坚实的经济基础。

# 退休革命：规划不一样的第三人生

在古代的农耕社会，人们的平均寿命较短，人们往往在步入老年后很快便离世，他们在老年期往往既无法继续工作，也难以照顾自己的生活。随着工业革命的到来，社会开始发展出退休制度，设定 60 岁为退休的界限。这样一来，人们在退休后还能享有 10 年以上的健康老年生活。

现今，我们已步入信息时代，这个时代给我们带来了前所未有的便利。人们可以依靠网络，以更少的体力参与到经济和社会活动中。同时，随着医疗技术的进步和生活水平的提升，人们的平均寿命也在不断提高，健康老龄期进一步延长。这导致了一个新的人生阶段的诞生，我们称之为“第三人生”。

这个“第三人生”阶段，是一个我们从未有过的新体验，也是一个全新的挑战。我们如何在这个阶段继续参与经济和社会生活？我们应该如何规划和度过这一阶段？这些问题自然而然地摆在了我们面前，需要我们深入思考和提前规划。

这就是“退休规划”的重要性所在。退休规划并不仅仅是关于金钱和物质生活的规划，它更是关于我们如何在退休后保持活力，继续参与社会活动，实现自我价值的一种规划。它涉及我们的生活方式、健康管理、社交活动、精神追求等各个方面。因此，我们都需要认真对待退休规划，以确保我们的“第三人生”能够过得充实、健康和有意义。

经历农耕社会、工业社会、信息社会，人们步入老年期后失能情况如图 4-1 所示。

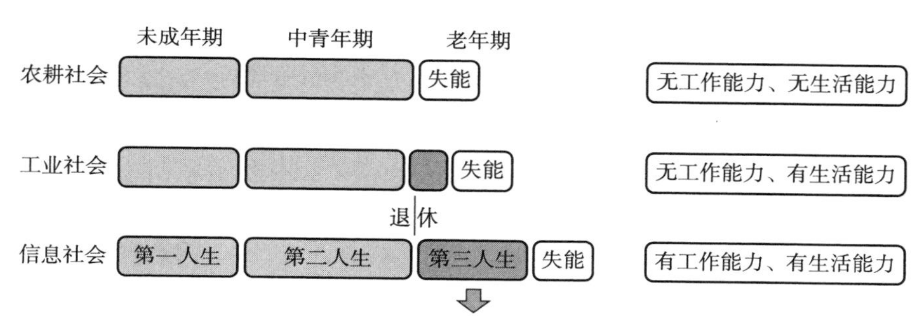


**图 4-1　不同社会发展阶段人步入老年期后失能情况变化**

## 养老金会花在哪里？

养老金的去向，其实就像一幅丰富多彩的画卷，展现了老年生活的各种可能。有人说，老了就不需要太多钱，但现实真的如此吗？让我们来了解一下我父母的故事。

我的父母都已经 60 多岁了，年轻时是普通的上班族。但我母亲很有养老意识，从年轻时就开始努力工作，积极储蓄。退休后，他们选择了“旅行退休”的生活方式。他们在退休后的半年内就游历了四五个城市，开始了环游中国的旅程。我父亲总是使用手机兴致勃勃地规划下一个目的地。每到一座新城市，他们都会停留一段时间，深度体验当地的风土人情。

这样的退休生活并不少见。根据《中国老年人旅游市场发展报告》，越来越多的老年人选择把旅行作为退休生活的一部分。旅行不仅能开阔视野，还能锻炼身体和愉悦心灵。

旅行退休是一种新兴的退休方式，它不仅能带来新鲜感和乐趣，还能增长见识。然而，这种生活方式的成本相对较高，需要足够的退休金作为支撑。

当然，旅行退休也需要精心的财务规划和全面的健康管理，以确保旅途的安全和舒适。灼识咨询发布的《银发经济蓝皮书》显示，银发群体中超过六成的人每年平均出行 3 次以上，尤其是较年轻的银发群体。45 岁至 64 岁的旅游者约占国内旅游市场份额的 28%，而 65 岁及以上的旅游者占比达到 9%，银发群体已经成为国内旅游市场的重要客源。

通过观察我父母的消费，我发现保健品和老年人相关产品的支出占了很大一部分。随着年龄的增长，身体的各项机能逐渐下降，很多健康问题随之频发。

市场的巨大需求促使众多企业和品牌如立白、芳华等，纷纷进入老年个护市场。社区周围的各种老年大学和网络平台也推出了特色兴趣教育，来丰富老年人的生活。课程内容多样，包括钢琴、葫芦丝、美妆、中老年记忆力、中老年多维认知、书法、绘画、声乐、舞蹈、瑜伽等，总有一款适合你。

我们都熟悉马斯洛的需求层次理论，对于退休人员来说，他们在不同层次的需求也有不同的特点。比如，在安全需求层面，他们关心医疗服务、就诊治疗、急诊救护、康复、失能 / 失智治疗等。在财务管理方面，他们关心理财、财务安全、保险、遗嘱遗产处理等。

第一层是生存需求，包括健康管理和生活照料。第二层是安全需求，涉及医疗服务和财务管理。第三层是社会需求，包括文化娱乐和社会活动。第四层是尊重需求，如安宁关怀和生活中的尊重。第五层是自我实现需求，如精神追求和生命经验的沉淀。

不同的退休生活方式，需要不同的退休规划。如何进行科学的退休规划，以实现个人的退休梦想呢？这需要我们根据个人的需求和梦想，提前规划和准备，来确保退休生活的质量和满意度。无论是选择旅行退休，还是其他的生活方式，关键在于找到适合自己的路径，从而让退休生活既充实又满足。

## 退休规划的常用工具

在规划退休生活时，我们需要的不仅是远见和决心，还需要一些实用的工具和资源来辅助我们做出明智的决策。养老金计算器就是这样一种工具，它能够帮助我们预估未来退休生活的资金需求，以及我们需要储蓄的金额。而投资组合管理则能指导我们如何合理地分配资产，以降低投资风险，确保资金的稳定增长。

根据最新的统计数据，退休后的生活费用通常需要达到退休前年收入的 70% 到 80%，才能维持生活品质。举个例子，如果一个人的年收入在退休前是 10 万元，那么他退休后每年可能需要 7 万元到 8 万元来维持生活品质。当然，这个数字还会因为个人的生活方式和健康状况的差异而有所不同。比如，一个热衷于旅行的人，在退休后可能会将一部分资金用于旅行，这就需要他在退休规划中考虑到这部分额外的支出。

我在我的公众号里，为你准备了一个“养老金计算器”。这是一个在线工具，可以帮助你估算退休时需要的储蓄金额。你只需要输入当前的年龄、收入、预期退休年龄、预期的生活成本等信息，养老金计算器就会为你展示一个大致的储蓄目标。

在使用养老金计算器之前，我们需要做一些数据准备。不同的社保缴费基数和工作年限，会对退休后领取的社保养老金产生很大的影响。了解你目前的社保养老金储备情况，可以帮助我们更准确地计算出你需要储蓄的金额。

如果你想查询你的社保养老金，可以按照以下步骤操作：

①打开支付宝应用程序；

②点击“更多”选项；

③选择“市民中心”；

④点击“社保”选项；

⑤如果你参保的是北京社保，点击“社保个人对账单”。

我以北京社保为例来说明查询方式，如图 4-2 和图 4-3 所示，其他省市的查询名称可能有所不同。需要注意的是，支付宝界面会实时更新，所以当你看到这本书时，查询路径可能会有所调整。

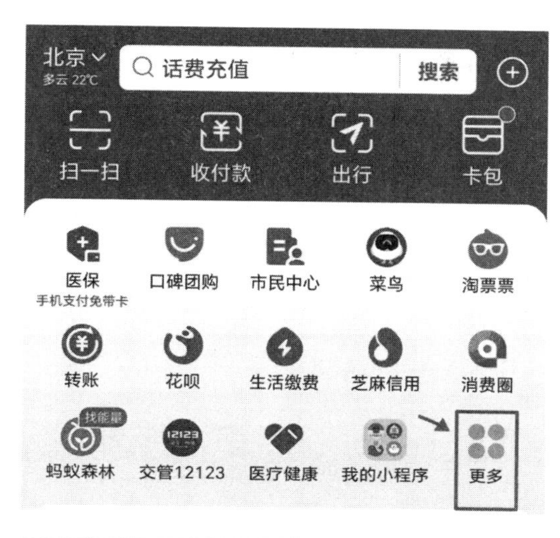

图 4-2　北京社保查询示例（一）

图 4-3 北京社保查询示例（二）

为了保障个人信息的安全，首次登录社保系统时需要输入社保账号和密码。通常情况下，社保账号就是你的身份证号码，而初始密码则是身份证号码的后 6 位。如果你忘记了密码，或者想要设置一个新的密码，可以使用找回密码功能来重新设置。

找到并记录下“养老保险个人账户本息合计”和“至 2023 年末养老金累计实际缴费年限”这两个关键信息是非常重要的。这些信息将帮助你更准确地预估退休后可领取的养老金数额，以及评估你的养老金储备情况。

“养老保险个人账户本息合计”是指你的个人养老保险账户中累计的金额，包括本金和利息。这个数字反映了你在工作年限内为退休生活所做的储蓄。

“至 2023 年末养老金累计实际缴费年限”则表示你截至 2023 年底实际缴纳养老金的年限。这个信息对于计算你退休后可以领取的养老金数额至关重要，因为大多数国家的养老金制度都会根据你的缴费年限来计算你的退休金。

请注意，这里“2023 年”是我在写这本书时查询的年份，如果你在查询时，选择最近的一个年份即可，如表 4-1 所示。

**表 4-1　养老保险个人账户本息合计与至 2023 年末养老金累计实际缴费年限**

| 养老保险个人账户本息合计（仅限本市） | 至 2023 年末养老金累计实际缴费年限（仅限本市） |
|---|---|
| 125659.09 元 | 12 年 6 个月 |

一旦你从支付宝或其他社保服务渠道获取了你的“养老保险个人账户本息合计”和“至 2023 年末养老金累计实际缴费年限”等信息，你就可以使用养老金计算器来预估未来可以领取的社保养老金。

通常，这些在线测算工具会要求你输入一些个人信息，比如你的年龄、预计退休年龄、当前的工资水平、预期的通胀率等。此外，你还需要输入你的社保缴费历史和账户累计金额。这些数据将帮助工具计算出你在退休后可以根据当前社保制度领取的养老金数额。

使用养老金计算器的步骤通常如下。

①打开养老金测算工具；

②根据提示输入你的个人信息，包括年龄、预计退休年龄、当前工资水平等；

③输入你的社保信息，如“养老保险个人账户本息合计”和“至 2023 年末养老金累计实际缴费年限”；

④选择你的退休生活预期，包括生活成本、健康状况、生活方式等；

⑤提交信息，等待工具生成你的养老金预估报告。

得到预估结果后，你可以根据这些信息来评估你的退休规划，确定是否需要增加个人储蓄、调整投资策略或改变退休后的生活方式。养老金计算器提供了一个宝贵的视角，帮助你更好地为未来做准备。

请记住，这些工具提供的只是基于当前数据的预估，实际领取的养老金可能会因为政策、经济状况和其他因素变化而有所不同。因此，定期更新你的信息和重新进行测算是非常重要的。养老金计算器二维码如图 4-4 所示。

**图 4-4　养老金计算器二维码**

通过这些步骤，你可以了解自己的社保养老金情况，为退休规划提供更准确的信息。记住，退休规划是一个长期的过程，越早开始准备，未来的路就越宽广。让我们用心规划，迎接充实、舒适的退休生活。

## 投资组合管理的退休规划法

投资组合管理是一种有效的退休规划方法，它可以帮助你更好地了解自己的财务状况，制订合理的退休计划。这种方法涉及退休资产的配置、平衡风险和收益，以确保资金的安全和增长，从而帮你获得一个有品质的退休生活，追求自己的兴趣和梦想，实现自我价值。

仍然以前文提到的王女士的家庭为例，王女士和她的丈夫都希望在 55 岁或 60 岁退休。为了确保他们能在预定的年龄退休并保持现有的生活品质，他们需要制订一个详细的退休计划。

根据其提供的信息，王女士每年的收入为 15 万元，社保退休金每月大约为 4000 元。她丈夫每年的收入为 50 万元，社保退休金每月为 1.1 万元，加上企业年金，退休金在 1.5 万元到 1.8 万元。他们夫妻俩的退休金加起来，每月大约有 1.9 万元到 2.2 万元。考虑到退休后贷款、孩子教育支出和已缴完的保险费用的减少，以及可能的医疗费和赡养父母费用的增加，他们希望每年的基本生活开销为 10.3 万元，每月为 8600 元。

按照现有的社保养老金和企业年金，他们的退休金完全能覆盖日常开销，并且还有结余。但王女士担心退休时的通胀以及购买力下降可能会影响他们的生活水平。此外，他们还有旅行退休的愿望，想要环球旅行。因此，王女士担心现有的退休金可能无法完全支持他们的想法和期待。

为了量化这些担忧，我制作了一个表格来详细测算他们的退休需求，并考虑通货膨胀对购买力的影响。通过查看 2000 年至 2019 年的 CPI 指数及绝对价格变化图（见图 4-5），可以更清楚地了解通货膨胀对退休金的影响，并据此调整退休规划。

CPI，消费者物价指数，这个看似抽象的经济学术语，其实与我们的日常生活息息相关。它就像是一面镜子，映照出物价的波动，反映出经济的温度。

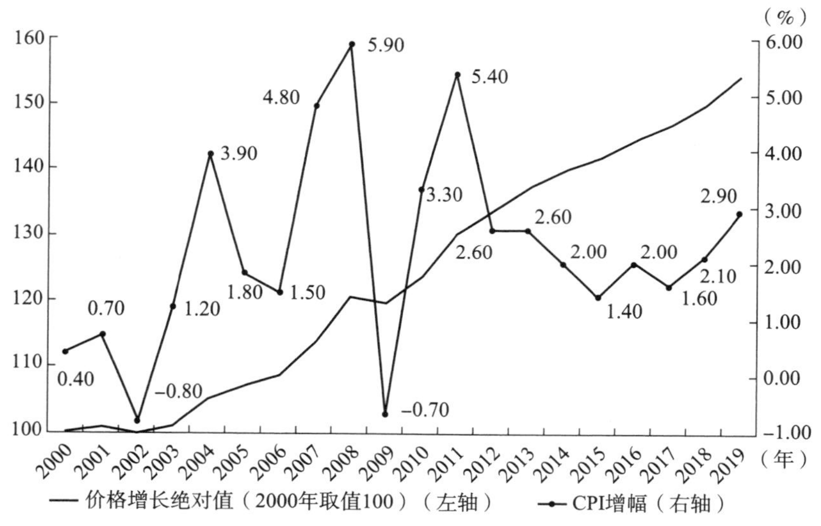


**图 4-5　2000—2019 年 CPI 指数及绝对价格变化**

数据来源：国家统计局、智者研究院。

想象一下，你走进一家熟悉的超市，货架上的商品琳琅满目，有你喜欢的苹果、面包、牛奶，还有时尚的衣服、手机。CPI，就是记录这些商品价格变化的账本。每个月，我们都会翻开这本账本，看看苹果、面包、牛奶的价格有没有上涨，衣服和手机的价格是否保持不变。

如果下个月，你发现苹果的价格涨了，面包和牛奶也变贵了，这本账本上的数字就会变大。这就是 CPI 上升，意味着超市里的商品的平均价格上升了，也就是我们常说的“东西变贵了”。这种情况，就是通货膨胀。

相反，如果这本账本上的数字变小了，那就意味着超市里的商品的平均价格下降了，也就是“东西变便宜了”。这种情况，就是通货紧缩。

CPI，就像是衡量物价变化的温度计，通过它，我们可以感知经济的温度，了解是否存在通货膨胀或通货紧缩。

真实的 CPI 计算要复杂得多，它涉及的商品和服务种类更多，但基本原理是一样的，通过记录一揽子商品和服务的价格变化，来衡量整体物价水平的变化趋势。

王女士希望退休后，每月能保持 2 万元的购买力。购买力，就是你用一定的钱能够买到的商品和服务的总量。如果物价上涨，购买力就会下降；如果物价下降，购买力就会上升。

那么，在平均通胀率为 3% 的情况下，王女士想要实现每月 2 万元的购买力，应该储备多少钱呢？

这就需要我们用“养老金账户规划”工具来测算。影响养老金储备金额的因素，一个是通胀率，另一个就是生存年龄。我们通常会按照退休后还会生存 30 年去计算，同时，为了对冲长寿风险，我们还会配置年金险。

如果按照当下的储蓄方法，每年储备 12 万元，为退休后的生活储备 30 年，需要实现的投资总目标是约 312.8 万元（见表 4–2）。但如果我们算上 3% 的通胀率，投资总目标就变成了约 489.9 万元

（见表 4–3），中间相差了约 177 万元。

这约 177 万元的差距，就是通货膨胀带给我们的影响。它提醒我们，要想实现退休后的理想生活，就必须提前规划，科学储备，让养老金成为我们实现美好生活的坚强后盾。

**表 4–2　未计算通胀率前王女士的养老金账户规划**

| 养老金账户规划 | | | | | |
|---|---|---|---|---|---|
| 当前可投入本金（元） | 每年可追加本金（元） | 投资年限（年） | 通胀率（%） | 能承受的最大回撤 | |
| — | — | — | — | — | |
| 每年领取金额（元） | 领取年限（年） | 投资目标总金额（元） | | 投资期年收益率（%） | |
| 120000 | 30 | 3127894 | | — | |
| 领取第一年金额（元） | 120000 | 领取最后一年金额（元） | 120000 | 领取期年收益率（%） | 1.00 |

在未计算通胀率之前，假设王女士每年的生活费用是 12 万元，预计退休后还能生存 30 年，她需要储备的养老金总额是：12 万元 / 年 ×30 年 =360 万元，算上储蓄过程中 1% 的利息，总额变成约 312.8 万元。

**表 4–3　计算通胀率后王女士的养老金账户规划**

| 养老金账户规划 | | | | | |
|---|---|---|---|---|---|
| 当前可投入本金（元） | 每年可追加本金（元） | 投资年限（年） | 通胀率（%） | 能承受的最大回撤 | |
| — | — | — | 3.00 | — | |
| 每年领取金额（元） | 领取年限（年） | 投资目标总金额（元） | | 投资期年收益率（%） | |
| 120000 | 30 | 4899412 | | — | |
| 领取第一年金额（元） | 120000 | 领取最后一年金额（元） | 282788 | 领取期年收益率（%） | 1.00 |

计算了 3% 的通胀率之后，王女士的退休储备目标约为 489.9 万元。这意味着，为了保持她退休后的生活水平，王女士需要储备大约 489.9 万元的养老金。

王女士夫妻二人距离退休的目标年龄还有大约 20 年，这是进行资金储备的黄金时期。选择在工作期间进行储备，是因为每年的工作收入相对稳定，可以确保资金投入的稳定性。经过分析，王女士家的投资与净资产比率、负债比率、财务负担比率和结余比率都处于良好的水平，但流动性比率较高，清偿比率较低。

流动性比率较高，意味着家庭现金和等价物的比例较高，这可能会影响资产的增值潜力。为了提高资金的增值速度，建议王女士将一部分现金和等价物挪到养老储备目标中。目前，她家的现金和等价物价值 101 万元，但都放在不太增值的地方，这确实是一种浪费。将一部分资金用于养老储备规划，不仅可以提高钱生钱的速度，还能更好地规划退休生活。

清偿比率较低，暗示偿债能力有可能成为家庭财务的一个潜在风险点。为了对冲这个风险，可以考虑采用保险来解决债务压力。

考虑到后期可能受到经济环境、行业变化等因素的影响，工作收入也可能会受到影响。因此，在首年投入的本金会高一些，以应对不确定性。之后，每年根据家庭的实际收入结余情况再进行追加。

在养老储备的第 1 年，将 101 万元的现金和等价物充分利用起来，拿出 80 万元来做养老储备规划。从第 2 年开始，每年追加的 15 万元是 20 年的平均每年追加本金，但也可以根据当年的实际收入情况做微调。比如某一年有大额用钱的情况，结余金额较少，就可以少投入一点；第 2 年收入有提升、结余增多，就可以多投入一些，总体平均每年追加 15 万元。

投资年限的预期收益率是 6.68%，只要在投资年限内，这笔钱的收益率能在 6.68% 以上，就能实现王女士每年领取 12 万元退休金的目标。当然，这个收益率是要匹配每个人的风险承受能力的。我根据王女士平时的理财习惯（偏向稳健型的储备方式），帮她设定的投资期年收益率在她感觉比较舒服的范围内，毕竟高收益需要冒更大的风险。

如果你是一名激进型的投资者，平时的投资经验也比较丰富，经常在股市里冲浪，设定的收益率就可以偏高一些。当然，我也会评估你能承受的最大亏损金额是多少，来帮你匹配一个合适的投资期年收益率。

表 4-4 里面的小变化不知道你发现了没有？

**表 4–4　王女士最终的养老金账户规划**

<table>
<tr><th colspan="6">养老金账户规划</th></tr>
<tr><td>当前可投入本金（元）</td><td>每年可追加本金（元）</td><td>投资年限（年）</td><td>通胀率（%）</td><td colspan="2">能承受的最大回撤</td></tr>
<tr><td>800000</td><td>150000</td><td>20</td><td>3.00</td><td colspan="2">—</td></tr>
<tr><td>每年领取金额（元）</td><td>领取年限（年）</td><td colspan="2">投资目标总金额（元）</td><td colspan="2">投资期年收益率（%）</td></tr>
<tr><td>120000</td><td>30</td><td colspan="2">8848882</td><td colspan="2">6.68</td></tr>
<tr><td>领取第一年金额（元）</td><td>216733</td><td>领取最后一年金额（元）</td><td>510746</td><td>领取期年收益率（%）</td><td>1.00</td></tr>
</table>

当我们填入投资年限时，投资目标总金额发生变化的原因是，投资过程中每年都会受到通货膨胀的影响。通货膨胀会导致货币的购买力下降，因此，为了确保退休时能够维持预期的购买力，我们

需要将投资年限内的通货膨胀也考虑在内。

在做养老储蓄规划时，投入的本金和每年追加的本金并非随意设定，还需要考虑到家庭日常生活的需要。王女士已经为家庭成员购买了一定的医疗险、重疾险和意外险，这些保险可以为疾病或意外导致的收入损失或医疗费用支出提供补充。此外，她还为家庭基本生活支出规划了年金险，以在一定程度上应对长寿风险。

现金与现金等价物保留了 21 万元，其中 10 万元作为应急储备，以保证 6 个月的支出，剩下的 11 万元则作为流动资金，以备不时之需。如果有大额资金周转的需求，可以考虑使用保单贷款等快速筹集资金的方式。

结余的 11 万元中，我建议王女士拿出 4 万元用于逐步补充对冲风险的保险保障，比如提高重疾险额度、扩大就医范围等，以提升就医品质。此外，她还考虑增加夫妻二人的大额定期寿险，以对冲极端意外情况下房贷带来的风险，并保障后续的生活品质。

这个例子简化了实际客户的规划过程，实际的退休规划远比这个例子复杂。如果自己难以处理，可以考虑聘请专业的顾问来帮助自己制订规划。在投资落地执行环节，为了确保投资收益率、实现投资目标，有经验的顾问会陪伴你落实规划方案。如果你需要匹配专业的投资顾问，可以联系我。

如果未来的收入或支出有较大变化，可以重新规划。生活本身就是在不断变化的，因此，退休规划也需要灵活调整，以适应新的情况。

# 永恒的财富：打造跨世代的财富传承计划

想象一下，一个家族的财富就像一棵大树，需要细心地浇灌和适时地修剪，才能茁壮成长，才能跨越岁月的长河，生生不息。在如今这个瞬息万变的时代，谈论财富传承似乎显得有些不合时宜，但实际上，它的重要性比以往任何时候都更为凸显。试想，你辛勤工作，积攒了一生的财富，如何让它不仅能带给你幸福，还能为你的子孙后代带来稳定和繁荣？这就是我们今天要深入探讨的话题——家庭财富传承计划。

为什么要提前做好规划呢？这就好比建房子，你得先打好地基，财富传承也需要一个坚实的基础。早做规划，你就有了充足的时间去深思熟虑、不断地调整并实施，确保你的财富能够按照你的意愿，顺利地传递给下一代。而且，随着时间的推移，你的财富可能会遭遇各种不可预知的风险，比如经济波动、税收政策的变化等，提前规划，可以帮助你规避这些风险，让你的财富之路走得更加稳健。

每一个成功传承财富的故事，都离不开家族成员的共同努力，离不开对未来的深思熟虑。比如，我们熟悉的洛克菲勒家族，通过设立家族基金会，将家族财富用于社会公益，不仅为社会做出了巨大贡献，也使得家族的财富得以传承。再如，我们国家的李兆基家族，通过设立信托基金，将家族财富分散投资，有效降低了风险，使得家族财富得以稳定增长。

当然，财富传承并非易事。在传承的过程中，我们需要面对各种挑战，如税务问题、法律风险、家族纷争等。但只要我们提前规划，合理利用法律和税务框架，这些问题都能得到妥善解决。比如，我们可以借助合理的税务规划来降低传承成本；我们可以通过设立信托基金来规避法律风险；我们还可以通过加强家族成员之间的沟通来减少纷争和误解。

了解和遵守法律与税务规定，是财富传承的基础。对财富传承策略的选择，取决于我们的目标和需求。

让我们携手共进，用智慧和爱心，为我们的家族财富传承，绘制一幅美好的未来画卷。

## 保险储蓄：财富的“守护者”

在这个世界上，每一分钱都承载着我们的梦想和希望。

想象一下，当我们年老时，看到儿孙们继续享受着我们为他们积累的财富，那种成就感，是任何言语都无法表达的。保险储蓄规划，就是那把开启财富传承大门的神奇钥匙。

张先生的故事，就是一个生动的例子。他是一位成功的商人，深谙财富传承的重要性。他选择了保险储蓄规划，为自己和家人购买了一份年金保险。这份保险不仅为他提供了稳定的现金流，保障了他的生活品质，更在他离世后，成为留给家人的宝贵遗产。

然而，保险储蓄规划并非易事。张先生在规划的过程中也遇到了挑战，比如选择保险产品、确定保险金额、确保计划的持续有效等。但这些挑战，反而让他更加深刻地理解了保险储蓄规划的价值，更加珍惜这份能够跨越世代的财富。

在规划保险储蓄时，我们需要深入了解相关的法律和税务框架。因为不同国家和地区的法律和税务规定各有差异，选择符合所在地法律要求的保险产品，了解税务优惠政策，是确保规划有效性和合法性的关键。

那么，如何设立一份有效的保险储蓄规划呢？首先，要明确财富传承的目标，确定传递给下一代的财富金额和方式。其次，选择适合自己的保险产品，如年金保险、终身寿险等，关注产品的保障范围、收益率、费用等，确保产品能满足我们的需求。最后，定期检查保险计划的运作情况，及时调整和完善，确保它能持续有效地为我们和家人提供支持。

“财富不仅是金钱的积累，更是对下一代的责任和承诺。”保险储蓄规划正是这样一种工具，让我们的财富得以传承，让我们的责任和承诺得以延续。它确保了在我们离世后，家人依然能获得稳定的收入，帮助他们实现梦想。让我们用智慧和爱心，共同创造属于我们的永恒财富。

## 信托基金：特殊的“保险箱”

当我们谈论财富传承的时候，信托基金是一个不可或缺的金融工具。它不仅是一种金融工具，更是我们对未来世代的一种深情关怀和智慧传承。

那么，什么是信托基金呢？简单来说，信托基金就像一个有魔法的“保险箱”，可以将你的财富放入其中，然后设定一系列的条件和规则，以确保这些财富在特定的时间，以特定的方式，传递给特定的人。

想象一下，一个历史悠久的家族，拥有巨量的财富，更有着丰富的家族文化和精神传承。为了确保这些财富和精神能够代代相传，他们选择了设立信托基金。他们精心规划，明确了财富的使用范围、受益人的条件，甚至包括了对后代的教育和品德要求。通过信托基金，这个家族不仅保证了财富的持续增长，更确保了家族的价值观和精神得以延续。

当然，设立信托基金并非易事。在这个过程中，家族成员需要面对各种挑战，比如如何平衡各方的利益、如何确保基金的合规性、如何选择合适的受托人等。他们通过沟通、协商和进行专业的咨询，最终成功地设立了信托基金，为家族的未来奠定了坚实的基础。

在设立信托基金时，我们需要了解相关的法律和税务框架。这包括信托的设立、管理、终止等各个环节的法律要求，以及税务筹划和合规性等问题。通过合理的规划和设计，我们可以确保信托基金在合法合规的前提下运作，同时实现资产的隔离和保护。

那么，如何设立信托基金呢？首先，你需要明确你的目标和需求，包括你想要达到什么样的财富传承效果、你的受益人是谁、你的财富应该如何使用等。其次，你可以寻找专业的信托公司或律师进行咨询和规划。他们可以帮助你制订详细的信托方案，包括基金的设立、管理、投资、分配等方面。最后，你需要按照相关的法律和程序进行信托基金的设立和运作。

信托基金，让财富传承成为一种可能。设立信托基金，可以确保你的财富在你离世后依然能够为你的家人提供稳定的支持，帮助他们实现梦想。

## 家族基金会：家族的“财富银行”

家族基金会，它不仅是家族的“财富银行”，更是家族精神和价值观的传承载体。它为家族成员提供教育基金，确保他们能够接受优质的教育；它支持慈善项目，帮助那些需要帮助的人；它让家族成员参与基金会的运作，培养他们的社会责任感和公益意识。

“财富的真正价值，不在于拥有，而在于如何使用。”这句话，是一位成功企业家的名言，也是我们在设立家族基金会时应该铭记的真理。通过设立家族基金会，我们不仅能够为家族和社会创造更多的价值，还能培养家族成员的社会责任感和公益意识，让家族的财富和精神得以传承。

那么，如何设立一个家族基金会呢？

在设立家族基金会之前，先要明确其定位，确定其主要业务领域和发展方向，制定核心文件《基金会章程》，明确基金会的宗旨、组织机构、运作方式等内容，可以通过举办慈善活动、接受捐赠等方式筹集资金，为基金会的发展提供支持，根据基金会的定位和发展方向，开展各类公益活动，实现家族的社会责任。

设立家族基金会，需要遵循一定的法律和税务规定。主要包括以下几个方面。

**1. 基金会的设立**

根据《基金会管理条例》的规定，设立基金会需要提交相关材料，如章程、验资报告等，并向民政部门申请登记。

**2. 基金会的运作**

基金会需要建立健全的内部管理制度，包括财务制度、项目管理制度等，并定期向民政部门报告运作情况。

**3. 税收优惠政策**

我国的相关税法规定，符合条件的基金会可以享受税收优惠政策，如捐赠税收减免、非营利组织税收优惠等。

通过了解成功设立家族基金会的家族的故事、掌握相关的法律和税务框架、制订合适的设立策略，你也可以为你的家族打造一个具有永恒价值的财富传承计划。

无论采用何种方式，最重要的是，财富传承计划需要家族成员的共同参与和支持。沟通是财富传承的关键，只有和家人充分沟通，我们才能制订出最适合我们的财富传承计划，让他们明白财富传承的意义和责任。只有这样，我们才能确保家族财富得以传承和发扬光大。

真正的财富不仅在于你拥有的，还在于你能传承的。

让我们一起，用智慧和爱心，打造我们的跨世代财富传承计划，让我们的财富，成为家人幸福的源泉，成为社会进步的动力。

第五部分

# 这样存钱才踏实：财务健康与风险

# 应对旅途中的挑战：财富的守门人

在追求财务自由的旅程中，我们总会遇到种种不确定因素。经济环境的变幻无常，让我们辛苦积攒的财富时刻面临着风险。生活在一、二线城市的中等收入家庭，不仅要应对房贷的压力，还可能遭遇行业衰退、裁员、诈骗、投资失利、创业失败等种种困境。这些，都有可能成为生活中的定时炸弹。

我们往往过于关注收益的增长，却忽略了潜在的风险。然而，真正的财务健康，不仅是资产的积累，更重要的是资产的安全和稳定增长。这就好比在波涛汹涌的大海中航行，我们需要的不仅是一艘坚固的船，更是一面能够抵御风浪的坚实盾牌。

危机和风险无处不在，但如何在危机中自救，才是我们更应该思考的问题。风险管理，就是这样一套方法和工具，它能帮助我们识别、评估和控制可能对我们财务状况造成影响的风险。它就像一位默默无闻的守护神，时刻保护着我们的财富，让我们在风雨中仍能稳步前行。

通过本部分的学习，你将建立起一个稳固的家庭财务基础，提升识别和应对财务风险的能力，制订出适合你的个性化风险管理计划，以适应你的生活和财务目标。

家庭财务的健康，是幸福生活的基础。让我们一起努力，守护我们的财富，为幸福生活保驾护航。

# 保护你的资产：理解保险的力量

在追求财务自由和家庭财富增长的旅途中，我们往往专注于投资、储蓄和增加收入。然而，有一个关键的风险管理工具经常被忽视——那就是保险。理解并合理利用保险，可以保护你和你的家庭免受意外和灾难的冲击。

保险不是生活的奢侈品，而是必需品。它能让我们在风雨中安心前行。

想象一下，如果你的房子突然被大火烧毁，或者你意外受伤需要长期治疗，这些突如其来的灾难会给你的家庭财务状况带来怎样的冲击？保险就像一位贴心的守护者，时刻准备在你遇到困难时伸出援手。支付一定的保费，你就可以将潜在的经济损失转嫁给保险公司，来确保自己和家人的生活不会因此受到太大的影响。

## 选择合适保险的逻辑

保险产品的种类繁多，主要可以分为四大类：人寿保险、健康保险、财产保险和意外伤害保险。

人寿保险主要是为了保障家人的生活，一旦你发生意外，保险公司会支付一笔钱给你的家人，确保他们的生活质量不会受到影响。

健康保险则负责支付你的医疗费用，让你在生病或受伤时不用担心医疗费用的问题。

财产保险主要保障你的财产不受损失，如房子、车子的保险等。

意外伤害保险则负责赔偿你因意外伤害面临的损失。

在选择保险之前，首先要评估你和家庭的特定需求：考虑健康状况、职业风险、财产价值等因素。然后，对比不同保险产品的优势和价格，选择最符合你需求的保险计划。记住，最好的保险是那些能够在你最需要时提供帮助的保险。

我的父母从 1997 年开始为家庭购买保险，每年缴纳大笔保费，但当我的父母生病的时候，保险只赔付了很少的钱，这是我妈妈一直以来的遗憾，也是众多已购买保险家庭的常见问题——将保险当作储蓄工具使用，而真正需要应对生病、意外等情况时却起不了太大的作用。你在为家庭成员购买保险时，应该将寻求获得最大限度的保护作为首要目标。

将保险配置与家庭资产规划相结合，在某些情况下，意味着你将部分钱先储备在保险公司，等到家庭出现人们通常担心的“突然要用钱”的情况时，不必动用你银行里面的储蓄，而是由保险公司来支付这笔费用。通常，这种保险被称为“寿险”。比如，你的妻子是一个全职家庭主妇，你每年支付 3000 元给自己买了保额为 100 万元的保险。这意味着如果你在这 1 年里不幸离世，你的妻子可以得到最高 100 万元的保险金，让她有能力继续养育你们的孩子，保障孩子顺利完成学业。

如果你认为这是一种不划算的投资，那么你需要考虑一下如何支付这笔费用。

## 保险计划的必备要素

在打造一个全面且高效的保险计划时，我们需要综合考虑多个层面的信息，确保在面对人生不可预见的风险时，你和家人能够得到充分的保护。以下是构建一个周密的保险计划时应遵循的步骤。

### 第一步 家庭成员信息与财务状况分析

家庭成员人数及基本情况：列出所有的家庭成员及其基本情况，包括年龄、职业、健康状况等信息。

家庭财务状况：详细分析家庭的收入、支出、资产和负债情况，以确定合适的保险预算。

## 第二步　风险评估与保险需求分析

风险识别：明确家庭面临的主要风险，如健康风险、意外伤害风险、财产损失风险等。

保险需求评估：根据风险评估结果，确定家庭成员的保险需求，包括寿险、健康险、财产险等。

## 第三步　保险计划选择

目前正在考虑的保险计划：列出你当前正在考虑的保险产品及其特点。

预算范围与费用节省：设定合理的保险预算，并探索可能的费用节省途径，如利用优惠活动、选择性价比高的保险产品等。

## 第四步　制订保险策略与规划

确定保险金额与期限：根据家庭需求和财务状况，确定合适的保险金额和保险期限。

选择合适的保险类型：针对家庭成员的具体需求，选择合适的保险类型，如定期寿险、终身寿险、年金保险等。

制订保险购买时间表：规划何时购买何种保险，以确保家庭成员在不同生命阶段都能得到充分的经济保障。

## 第五步 制订应急计划与备选方案

应急资金储备：为确保在紧急情况下有足够的资金支持，建议进行专门的应急资金储备。

备选保险产品：了解并列出其他备选的保险产品，以便在需要时及时调整保险计划。

## 第六步 定期评估与调整

定期评估保险需求：随着家庭成员的年龄、职业和财务状况的变化，定期评估并调整保险计划。

及时调整保险策略：根据市场的变化和保险产品的更新情况，及时调整保险策略以确保保障的全面性和有效性。

在制订保险计划时，还需要注意以下几点。

- 了解保险产品的限制和除外条款，确保所选产品符合家庭实际需求。
- 在购买保险前，充分了解并比较不同公司、产品和业务人员之间的差异，以选择最适合自己的保险方案。
- 保持与保险业务人员或公司的沟通渠道畅通，以便在需要时能够及时获得帮助和支持。

家庭保险计划表范本如表 5-1 所示。

表 5–1　家庭保险计划表范本

家庭成员：　　　　　　　　　　　　　　　　　　年缴费合计：　　　　　（元）

| 项目分类 | 项目名称 | 家庭成员 1 | 家庭成员 2 | …… | 备注 |
|---|---|---|---|---|---|
| 基本信息 | 姓名 | | | …… | |
| | 年龄 | | | …… | |
| | 性别 | | | …… | |
| | 职业 | | | …… | |
| | 身体状况 | | | …… | 如有特殊情况请注明 |
| 家庭财务状况 | 年收入 | | | …… | |
| | 月支出 | | | …… | |
| | 资产总额 | | | …… | 如房产、投资等 |
| | 负债总额 | | | …… | 如贷款、信用卡等 |
| 风险评估 | 健康风险 | | | …… | 如疾病、遗传病等 |
| | 意外伤害风险 | | | …… | 如职业风险等 |
| | 财产损失风险 | | | …… | 如自然灾害等 |
| 保险需求评估 | 寿险需求 | | | …… | |
| | 健康险需求 | | | …… | |
| | 财产险需求 | | | …… | |
| 保险计划选择 | 考虑中的保险产品 | | | …… | 列出产品名称及特点 |
| | 保险预算 | | | …… | 设定年度预算 |
| | 费用节省途径 | | | …… | 如团体保险折扣等 |
| 保险策略与规划 | 保险金额 | | | …… | 根据需求确定 |
| | 保险期限 | | | …… | 如 10 年、终身等 |
| | 保险类型 | | | …… | 如定期寿险、终身寿险等 |
| | 购买时间表 | | | …… | 如在 2024 年购买健康险 |

续表

| 项目分类 | 项目名称 | 家庭成员 1 | 家庭成员 2 | …… | 备注 |
|---|---|---|---|---|---|
| 应急计划与备选方案 | 应急资金储备 | | | …… | 建议金额 |
| | 备选保险产品 | | | …… | 列出备选产品名称 |
| 定期评估与调整 | 评估频率 | | | …… | 如每年评估 1 次 |
| | 调整策略 | | | …… | 如根据市场变化调整 |
| 注意事项 | 产品限制和除外条款 | | | …… | 详细阅读保险合同 |
| | 产品比较 | | | …… | 比较不同产品的优劣 |
| | 沟通渠道 | | | …… | 保持与保险公司的沟通渠道畅通 |
| 特别考虑 | 健康问题 | | | …… | 如慢性病等 |
| | 儿童保险 | | | …… | 如教育基金等 |
| | 雇主责任保险 | | | …… | 如工伤保险等 |

使用说明：

- 请在“家庭成员 1”“家庭成员 2”等栏下填写每位家庭成员的相关信息。
- “备注”栏用于填写特殊情况或额外说明。
- 根据家庭实际情况填写“家庭财务状况”和“风险评估”栏。
- “保险计划选择”和“保险策略与规划”栏需要根据评估结果和个人需求填写。
- “应急计划与备选方案”栏用于应对不时之需。
- “定期评估与调整”栏用于记录评估频率和调整策略。
- “注意事项”栏提醒你在购买保险时需要考虑的因素。

请根据实际情况调整表格内容，确保它满足家庭的具体需求。希望这个表格能够帮助你更好地管理和规划家庭保险。

记住，个人保险计划必须量身定制，以适应你和你家人的特定情况。如果你或家庭成员有健康问题，可能需要考虑特别的医疗保险。作为雇主，你还可以为员工提供责任保险，作为他们个人保险计划的补充。

任何类型的保险计划都有其限制，例如，某些医疗保险计划可能只覆盖住院费用和处方药费用，而不覆盖门诊费用。如果你发现购买的保险计划不适合你，可以考虑进行修改或更换。

根据保险行业的数据，每年大约有30%的新客户和25%的现有客户从家庭保险中受益。因此，购买保险是一种大概率会用到的理财方式，特别是在未来几年内你希望增加保费的情况下。购买保险还有其他好处，如保单贷款、增加现金储备、避免破产、购买其他类型保险以及增强家庭成员间的联系等。

总之，制订个人保险计划是一个涉及多方面考量的过程，需要根据个人和家庭的实际情况来精心规划，以确保在面临不确定的风险时，你和你的家人能够得到充分的保障。

## 了解并确定保费预算

最后一点需要记住的是：在购买保险之前，请确保你了解该计划如何支付保费并回答以下问题。

- 什么时候以及如何支付保费？
- 如果产生医疗费用或处方药费用抑或住院费用等，如何申请保险理赔？
- 是否清楚所支付保险费用和保险单的类型？

## 确定保费预算

确定保费预算时，我们要考虑很多因素。首先，你应该根据自己的预算选择保险产品，然后与保险顾问一起研究哪种保险最符合你的需求。最重要的是确保你选择的保险产品能够提供足够的保障，并且可以抵御你可能遇到的风险。

你必须考虑你的收入情况和个人债务情况，必须考虑家庭成员的保费预算，考虑每年需要实际支付多少保险费（如是否有保费变动），还必须考虑到任何可能导致保费增加的因素，例如年龄增长、健康状况变化或其他不确定因素。最后，请记住，你的预算将随着时间的变化而变化。

## 保费的选择

保险公司考虑保费时，会从你的年龄、收入、家庭状况和健康情况等多个方面进行综合评估。你应该好好比较价格，看看自己要支付多少钱，也想想是否需要更全面的保障。保险公司通常会提供 3 种保费选择。

首先是“基础保费”，就像电脑的低配版，经济实惠，能应对一些基本风险，但赔偿额度不会太高，只能稍微减轻财务损失。

其次是“标准保费”，就像是电脑的中配版，更适合你现在的家庭和生活需求，能抵御大部分风险，让你的生活更加安心。

最后是“升级保费”，就像是电脑的高配版，不仅保障你现在的需求，还为未来可能出现的风险做好准备，让你的生活更有保障，为未来的幸福生活打下坚实的基础。

仔细研究价格，了解你需要支付多少保费，是否有必要升级。选择一份最适合你的保险计划，为幸福生活添上一份坚实的保障。

## 如何购买保险

在购买保险时，我建议你直接咨询专业的保险顾问。因为保险的条款和约定涉及许多细节，需要综合考虑，自己研究会占用大量业余时间。而且，普通人在购买保险时往往容易把注意力放在保费上，只做简单的保费和保障范围的比较，而忽略了更多保险配置方面的细节。

以目前高发的重大疾病保险为例。现在重大疾病的发病率还是比较高的，尤其是癌症和心脑血管疾病。相对来说，心脑血管疾病是一类长期慢性疾病，随着年龄的增长，发病率越来越高。无论男女，发病率基本都是从 50 岁开始逐渐升高，并且随着年龄的增长，发病率呈直线上升的趋势。

以某款重疾险为例，一般 30 岁的男性，选投 30 万元的赔偿额度，缴费 30 年，如果保障至 70 岁，那么年缴保费是 2436 元；如果选择保障终身的方案，年缴保费为 3669 元。这相当于终身重疾险每年的保费只比保障至 70 岁的保费高出 1233 元，而 30 年就是 36990 元，将近 3.7 万元了。用多花的 3 万多元，换回在 70 岁后，每年 30 万元的保障，仔细算一算似乎也很值。

当然，也有人会说，用省下来的保费做投资，也有笔不错的回报。但 1 年只有 1000 多元，不知道可以投资些什么项目。就算都攒起来，做每年仅 5% 的利率投资，30 年也才 8 万多元。但 8 万元的收益和 30 万元的保额比起来，似乎还是后者更划算一些。

所以，如果有充足的预算，还是建议选择终身重疾险。如果预算不足，可以暂时选定期险种来做过渡。专业的保险顾问会帮你综合考虑性价比，花同样的钱，买到最适合你的东西，而不是仅考虑价格这一个因素。

每一个险种（如重疾险、医疗险、意外险、寿险等）的思考重点和配置逻辑是有各自的特点的，需要综合考虑。此外，你可以选择对应的某家保险公司，直接购买保险；也可以选择保险经纪公司，它更像是一个超市，你能同时看到市面上各家公司的同类型产品，可以有更多选择。要想选择适合你的保险产品，我建议你反复与保险顾问沟通自己的想法，不断打磨保险计划，最终获得和你实际的需求与想法比较一致的保险搭配方案。

理财不仅关乎赚钱，更关乎如何保护我们已经拥有的财富。

我建议你开始评估自己和家庭的保险需求。不要等到意外发生才后悔没有做好准备。现在就开始规划，让你的家庭财富在保险的保护下稳健增长。

我希望本部分的内容能够帮助每一位读者理解保险的作用，并学会利用这一工具来保护自己和家人。记住，理财是一场马拉松，而不是短跑。让我们从今天开始，一步一个脚印地创造一个更加安稳和富有的明天。

# 风险控制：在不确定性中找到稳定

在家庭财务的规划中，认识和应对风险是至关重要的第一步。想象一下，你手中有一定的储蓄，但通货膨胀可能会悄悄侵蚀这笔钱的购买力，这就是我们必须警惕的一种财务风险。那么，如何洞察这些风险对我们资产的具体影响呢？这就需要我们动用风险评估的“武器库”。比如，借助财务分析软件，我们可以模拟未来各种可能的经济情境，从而揭示出哪种风险因子最有可能成为我们财务自由的“拦路虎”。

风险控制，这个词听起来可能有点专业，但其实它就像是我们日常生活中的一把安全锁。当金融风暴来临时，这把锁能帮助我们牢牢地守护财富。

设想一下，你经过多年的努力，攒下了一笔可观的资金，打算当作孩子的教育基金或用于自己的退休计划。但市场风云突变，你的投资遭受重创。此时，如果你缺乏妥善的风险控制规划，多年的血汗钱就有可能化为乌有。

那么，我们该如何织好这张风险控制的网呢？

首先，我们要炼就一双识别与评估风险的“火眼金睛”。在日常生活中，风险无处不在，如盲目跟风投资热门但风险极高的项目，或是将所有积蓄孤注一掷地用于投资。我们必须学会利用专业的工具和方法，精准地识别和评估这些潜在的风险。

其次，我们要学会巧妙地规避和分散风险。规避风险不是逃避，而是策略性地做出选择，避免不必要的冒险行为。而分散风险则是将资金分配到不同的投资领域，这样即使某个领域遭遇困境，我们的整体财务状况也能稳如泰山。

最后，为了更好地驾驭风险，我们还需要掌握一些实用的工具和技巧。这些工具将成为我们科学、系统地管理家庭财务的得力助手，确保我们的资产能够稳健增值。

接下来，我将深入剖析这些核心内容，帮助你在变幻莫测的金融市场中找到属于你的那份安宁与稳定。请记住，理财的终极目标不仅是追求财富的增长，更是给自己和家人缔造一个安心、富足的未来。

## 财务管理的四大风险

风险管理，这个词虽然听起来简单，但它对我们每个人的生活品质有着深远的影响。

想象一下，如果我们的财务状况稳定，钱包鼓鼓的，生活是不是会更加从容和安心？而要实现这一点，就需要我们在日常生活中精心管理收支，关注收入的稳定性、预算的合理性、合理消费习惯的养成、账单的及时支付以及债务的适度性。简而言之，风险管理就是帮助我们更好地掌控现金流，确保生活平稳有序。

风险管理不是避免风险，而是聪明地承担风险。

毕竟，世间万物都有其两面性，投资理财同样如此。在享受投资收益的同时，我们也必须意识到与之相伴的风险。

对于个人和家庭而言，在评价理财产品时，收益率并非唯一的标准。更为关键的是，在相同的风险水平下，如何选择能产生更高收益的资产或投资方式。

在做实际理财规划时，你需要考虑的风险有哪些呢？总结起来有以下 4 个方面。

## 一、政策风险

不知道你是否注意到了，近年来，理财产品的收益率似乎在悄悄地滑落。我有个朋友，他总是把闲钱存进银行，选择那些看似稳妥的理财方式。但近年来，每次聚会他总会忍不住抱怨，“现在银行理财的利息真是越跑越低”“大额存单的收益也不怎么样，而且想抢都抢不到”。

这种变化，其实是我们身边理财现象的一个缩影。许多像他一样的普通人，都在经历着理财收益率的下降。这背后，是整个经济环境的变化，是政策调整的影子，也是市场流动性的反映。这些变化，其实都是当前经济政策调整的直观反映，提醒我们要更加灵活地应对理财市场的变化。

降息，就像是开闸放水，让资金的河流更加充沛，以此来刺激经济的活力。但是，当“水往低处流”时，我们手中的理财产品收益也会受到影响。国债、存款、大额存单等，这些理财产品是底层资产，它们的收益率与市场利率紧密相连。当市场利率下降，理财产品的收益自然也会减少。

当经济增长放缓，需求收缩，央行就会通过降息来增加市场的流动性，降低融资成本，鼓励企业和消费者增加借贷和支出。

大家如果都捂紧钱袋子不消费，经济就会失去活力，而降息可以让钱流动起来，鼓励大家花钱。

降息还可以降低企业和个人的融资成本，就像是“减税降费”，减轻了他们的经济负担，从而增加投资和消费需求。企业的贷款成本降低，就更有动力去扩大生产、创造就业机会。

此外，降息可以应对外部冲击，比如全球贸易紧张、突发公共卫生事件等不确定性因素增多时，降息可以稳定经济、增强信心。

那么，降息对我们普通人有什么影响呢？简单来说，降息就意味着我们的钱袋子缩水了。

以前，我们可以通过购买高收益的理财产品来实现资产的增值，但现在，随着收益率的下降，我们的选择越来越少。这就需要我们更加关注家庭财富的管理，寻找更加稳健、流动性高的理财产品。

这是政策风险对已经赚到兜里的钱所产生的影响。

政策的力量，往往牵一发而动全身，直接影响到我们的钱包和行业格局。

这提醒我们，要时刻关注政策动态，灵活应对行业变化。只有这样，才能在波澜壮阔的经济大潮中立于不败之地。

## 二、信用违约风险

当雪崩来临时，没有一片雪花是无辜的。2021 年，恒大集团数万亿元的债务问题，就像一场巨大的雪崩，不仅震撼了房地产行业，也强烈地震撼了金融界，影响了普通人的生活。许多业内人士甚至将其比作中国的雷曼兄弟事件，可见其影响之大。

恒大，作为房地产行业的领头羊，它的债务危机就像多米诺骨牌倒下了第一张牌，引发了一系列的连锁反应。我们不仅要关注企业本身的危机，还要关注那些曾依赖恒大的购房者、供应商、金融机构等，他们都在这场风暴中经历了极其艰难的时刻。

在郑州，一些在恒大已购房却未能收房的置业者，心中充满了忧虑。一位姓刘的置业者说："我买的房在西区，当时非常火爆，还得托人才能买到。谁想到会变成今天这个样子？"对他和他的家庭来说，如果不能收房，后果将不堪设想。

另一位置业者也面临着同样的困境，她在恒大买的房子至今未能交付，连小区内规划的幼儿园和学校也成了泡影。她不仅要忙于工作，还要为孩子寻找其他学校，生活充满了压力。

2023 年 11 月 22 日，中植企业集团有限公司通过小程序向投资者发布了一封《致歉信》，就相关产品陆续发生的实质性违约向投资者表示歉意，并披露了公司的总资产和负债规模。中植集团，一家大型资产管理公司，宣布资不抵债，负债高达约 4600 亿元人民币，影响了约 15 万名高净值投资者和近 5000 个企业客户，以及约 1.3 万名业内人士，引发了市场的广泛关注。

我家的钟点工阿姨，把辛苦赚来的100万元存进了中植集团的理财产品中。中植集团“爆雷”后，她不得不一边继续工作，一边为维权而奔波。每次听到她讲述维权的过程，我都深感同情。她的故事让我明白，这并不是因为她缺乏风险意识，而是在面对那些想要欺骗你的人时，很难避开他们设下的陷阱。阿姨虽然学历不高，但她服务过的家庭业主中有不少是从事理财业务的。她很聪明，信息渠道也不少，而且她赚的每一分钱都是辛苦钱，之前都是存在银行里，只为安全第一。这次，她是因为太信任一位服务了6年的业主，这位业主是中植集团的理财顾问，他向阿姨保证产品非常安全，有固定收益，而且利息是银行理财利息的3~4倍。出于信任，阿姨就把钱交给他打理。

然而，不到两年，中植集团就“爆雷”了。阿姨和其他维权者不得不在炎炎烈日下，辗转于各个相关机构维权，希望能拿回自己的钱，但希望很渺茫。

许多金融消费者之所以受到影响，一个重要的原因是这些平台当时承诺的收益率非常高，有的年利率超过20%。然而，大多数“爆雷”的金融产品实际上都是庞氏骗局，即用新投资者的钱支付给老投资者，一旦市场饱和，找不到新的投资者，最后一批投资者就成了受害者。

在投资理财时，确实需要综合考虑收益、风险与时间等因素，并根据家庭的实际需求来做出明智的决策。第三部分的图3-6是一个很好的工具，它能帮助我们更直观地了解不同投资产品的收益潜力和可能面临的风险。

将收益率与风险相匹配是投资的基本原则。高收益往往伴随着高风险，而低风险的投资通常收益也相对较低。因此，在选择投资产品时，我们需要根据自己的风险承受能力和收益期望来做出平衡。

同时，评估资金对家庭的重要性至关重要。对于刚性需求，如养老、孩子上学、家庭突发事件备用金等，这些资金的安全性和稳定性尤为重要。因此，在投资这部分资金时，我们应更加谨慎，选择那些安全稳定、风险较低的投资产品，哪怕它们的收益率不高。

总之，投资理财需要综合考虑多方面的因素，包括收益、风险以及家庭的实际需求。通过合理运用收益和风险评估表，并将收益率与风险相匹配，我们可以做出更为明智和负责任的投资决策，从而确保家庭资金的安全和增值。

## 三、通货膨胀风险，即货币的购买力风险

你有没有这种感觉，最近钱包里的钱似乎花得越来越快了？水果、蔬菜、米、面、油……这些日常用品的价格波动，简直就像股市一样，虽然有涨有跌，但总体趋势是向上的。面对这样的物价波动，我们该怎么办呢？

这时候，银行客户经理可能会给你推荐一种“保本”的理财产品。但是，你有没有想过，“保本”到底意味着什么呢？这里的“保本”其实有两个层面的含义。客户经理口中的“保本”可能只是保证你的本金不会亏损，但并没有保证你的购买力不会缩水。如果你连续几年都投资这个产品，而每年的收益率都低于通胀率，那么即使本金没有亏损，你的钱其实还是在悄悄地“缩水”。

举个例子，假设你现在在饭店点一盘小龙虾需要 100 元，你为了跑赢通货膨胀，将这 100 元投资了一个年化收益率为 10% 的产

品。第 2 年，你的本金变成了 110 元。但你发现，点同样一盘小龙虾却需要 150 元，那你真的跑赢通货膨胀了吗？理财的真正目的，其实是保持我们现有资金的购买力。

“一千个读者的眼中，有一千个哈姆雷特。”每个人对通货膨胀都有自己的理解。因此，没有任何一个指标能够完全客观地代表真实的通胀率。CPI 可以作为一个参考，但它并不全面。由于收入水平和消费结构的不同，不同家庭对通货膨胀的感受也是不一样的。

长期的通货膨胀会导致社会财富分配的不均，而货币超发往往是长期通货膨胀的直接原因。所以，即使你只买“保本”的理财产品，也不一定能够保证不赚不亏，而是有可能在不知不觉中亏损。

数据显示，近 20 年我国的 CPI 平均上涨了 2.23%，近 30 年则平均上涨了 4.08%。CPI 从侧面反映出物价上涨的幅度。而物价上涨，主要与货币、需求和供给这 3 个要素有关。因此，在投资理财时，我们需要综合考虑这些因素，以保持我们的财富不受通货膨胀的影响。

要跑赢通货膨胀，我们需要选择合适的理财工具，以确保我们的投资收益率高于通胀率。这样，我们的财富至少能够保值，甚至实现增值。投资就像是一场赛跑，我们的目标是至少要跑赢通货膨胀。

在不同的经济环境下，大家对通胀率的预期会有所不同。通常情况下，通胀率在 3% 左右被认为是比较正常的水平。这个数字也被看作一个基准线，因为当通胀率超过这个水平时，政策制定者通常会采取措施将其调回 3% 左右的水平。因此，3% 有时被看作通货膨胀的最低基准线。

然而，也有人认为，只有当收益率达到6%，才能算跑赢了通货膨胀。这个观点是基于国内生产总值（GDP）的增长来衡量通货膨胀的。另外，还有人会以广义货币供应量（M2）的增速作为衡量标准，认为只有当投资收益率超过10%的M2增速时，才能算跑赢了通货膨胀。甚至还有更高的目标，认为只有当投资收益率超过了巴菲特长期收益率20%时，才能算真正跑赢了通货膨胀。

每个人对通货膨胀的理解和预期不尽相同。但无论怎样，通货膨胀是任何国家都无法避免的现象。大多数经济学家认为，适度的通货膨胀对经济发展是有益的。通货膨胀不仅是我国面临的问题，也是全球性的问题，它是我们财富的“隐形杀手”。

在面对通货膨胀时，我们应该怎么办呢？首先，我们要明确自己的投资目标，然后选择合适的投资工具。同时，我们还要关注宏观经济和政策变化，以便及时调整投资策略。此外，我们还可以通过分散投资、长期投资等方式来降低风险，提高投资收益率。总之，只有做好充分的准备和规划，我们才能在这场与通货膨胀的赛跑中取得胜利。

## 四、资产配置失衡的风险

在中国，房子不仅是一个居住的地方，它更是家庭最大的资产之一。有数据显示，中国家庭的住房拥有率非常高，房产在家庭资产配置中的比例高达77.7%，这一比例是美国的两倍多。然而，金融资产的比例却只有11.8%，不足美国的1/4。这种资产配置的不均衡，就像一颗隐藏的“定时炸弹”。

许多工薪族为了买房，不惜加大杠杆，希望通过房产的升值来实现财富的增长。房地产的刚需属性和财富效应，让买房成为时代的潮流。对于很多人来说，买房是一生中最大的支出，首付通常只需要三成，剩余的部分可以通过按揭贷款支付，这些贷款通常需要20年或30年来偿还。

只要现金流稳定，收入能够覆盖债务，这种贷款就不会成为问题。但是，一旦楼市出现大幅波动或收入受到经济波动的影响，房贷就可能成为家庭沉重的负担。2023年开始，中国的房地产市场经历了急速的缩水，这让许多家庭感受到了压力。

在2023年陆续出台的房地产政策下，去库存、防风险成为重点，而不是单纯地保价。这意味着我们手中的财富正经历着一次深刻的重新分配。20世纪90年代至今，中国的房地产市场经历了巨大的变革，一些人抓住机会成为先富起来的那批人。但这样的机会是周期性的，如果你能够把握住节奏，你就有可能赚得盆满钵满；反之，如果你错过了时机，你之前的努力可能就会付诸东流。

我记得2015年，当看到房价的涨幅超过了工资的增长速度时，我就意识到仅仅依靠工资来攒钱买房是非常不现实的。于是，我东拼西凑凑齐了首付，尽可能地贷到了最高的额度，然后果断出手买了一套房子。仅仅过了1年，当我下班遇到帮我买房的中介时，他告诉我，我的房子价值翻倍了，我简直不敢相信自己的耳朵，因为那时候我一个月的工资才5000多元。

信息的重要性也是不容忽视的。当越来越多的“爆雷”消息传出，信托、银行等金融机构开始频繁收紧利率，各种金融资产也开始有所波动，这时候我们就需要保持敏感，时刻关注市场的变化。

土地、财政、货币是相互关联的，任何一方的变化都可能引发全局性的变动。比如现在，政府已经开始转变策略，从直接鼓励购房转向收房作保障房，这就是房地产市场的一个重大转折信号。

现在的房地产市场告诉我们，房产不能再仅仅被视为投资品。在买房时，我们需要考虑是将其作为投资还是消费品。如果是投资，我们就需要仔细计算，看看租售比是否合适，或者在其他方面投资是否能够获得更快的增值。现在的房地产市场已经不再是那个买房放着就可以轻易发财的地方了。

但如果你只是想买个房子住，是刚需或者想改善居住条件，那么就把房子当作消费品，就像买车一样，买了就会贬值。如果你有足够的耐心等待保障房的话，那也是一个不错的选择。

2023 年初，当我感受到房地产市场开始变化时，我果断决定把房子卖掉。当时，我身边的亲戚朋友都感到很困惑，他们怀疑房价真的会降吗？但我知道，作为一个从小城镇来的北漂，房子对我来说从来不是消费品，而是让我赚到的每一分钱都能继续增值的工具。当房地产已经变成一个有风险的赛道时，我就必须尽快转换方向。

所以，实现财务自由的关键在于多听、多看、多分析，然后再行动。未来的房地产市场将是一个充满挑战和机遇的市场。我们作为普通人，想要在这个市场中获得成功，就必须顺应形势、敏锐地捕捉机会并做出明智的决策。

风险管理不是一劳永逸的事情。随着你的生活状况和市场的变化，你的风险管理策略也需要相应地调整。我希望你从这一部分中学到的知识和工具，能够帮助你更好地管理你的财务风险，实现财务的长期稳定增长。

## 资产配置的四个步骤

1952年，诺贝尔奖得主、现代资产组合理论之父、美国经济学家哈里·马科维茨在《金融杂志》上发表了一篇名为《资产组合选择——投资的有效分散化》的文章，首次提出了“资产配置”的概念。他的理论被誉为“华尔街的第一次革命”，为投资者提供了精确的风险与收益的定义，强调了资产配置的重要性，即投资者需要平衡风险与收益，以达到最优的投资组合。

资产配置对投资组合的影响是巨大的。资本市场就像变幻莫测的天气，没有人能准确预测。证券的选择和择时交易从长期来看并没有必胜的策略。在本书的第二、第三、第四部分，我通过实际的案例，向你展示了资产配置的4个步骤，现在来总结一下。

第一阶段，设定整体性投资目标：在这一阶段，投资者需要考虑投资的目标回报、风险偏好、流动性需求和时间跨度，同时也要考虑政策限制、操作规则、投资成本、费用、税收等因素。

第二阶段，战略性资产配置：资产本身需要具备内在价值，即持有期间能够带来稳定的现金流或未来有升值空间；资产之间的相关性越低越好，但并非绝对，需要时时关注相关性之间的关系变化。估算所要投资资产的预期回报率、回报率的标准差（风险）以及和其他类别资产的相关系数，并设定一系列数值限制。

第三阶段，执行战略资产配置并及时调整权重：若没有特别的投资观点作支撑，应坚定原有的战略配置，不应随意调整战术；战术性资产配置主要有 3 个目标；资产配置的成功主要依赖正确预测市场的能力和技术分析法、基本面分析法和量化分析法 3 种方法。

第四阶段，回顾与调整：通过统计回报业绩和归因分析了解每次的投资决策对整体业绩的贡献；对资产配置进行再平衡；在基本假设变化时调整战略配置；在市场变化时，进行战术调整。

根据我在第二、第三部分的实际案例和具体数据展示的结论，将资产进行多元化组合后，投资者可以在降低风险的同时保持收益的不变或在风险不变的情况下提高收益，而且并没有为此付出额外的代价，仅仅是将两种资产组合在了一起，这就是“免费的午餐”。

比如在本书的第三部分中，“投资堡垒：打造坚不可摧的资产防线”这一节讲的就是如何用股债搭配的方式，来抵消风险。如果你已经有些忘了，可以翻回去再看一下。

多元化配置资产是一个有效管理传统风险的战略，但这并不意味着资产配置就是全能的。它可能不会缓解非流动性资产、交易对手风险、杠杆或诈骗风险。对投资者来说，最明显的是市场风险。投资者需要敬畏市场，因为市场无法预测且存量巨大，不因个人的意志而转移。

由于信息的缺失，市场内的组成资产有时会表现为突然升高，有时会表现为突然缩水，没有人能准确预料。所以投资者如果想获取市场收益，就必须提高获取收益的概率。

当一个投资者持有的资产组合能包含多种或所有市场组成成分时，强势的成分或许能在提高获利概率的同时，减少疲弱成分带来的劣势。

# 财务危机应对：预案与恢复策略

在这个章节中，我们将一起深入探讨如何精心构建一道坚不可摧的财务防线，为生活中可能出现的财务困境做好万全准备。想象一下，当失业的阴霾突然笼罩，或是家中突发意外产生了巨额医疗费用，这些生活的不确定性随时可能打破我们的财务平衡。

生活中，我们可能会遭遇各种财务危机，如失业、重病、市场动荡等。这些危机像是一场场暴风雨，试图撼动我们的财务之船。例如，突如其来的疾病，不仅意味着高昂的医疗支出，更可能意味着收入的中断。在这样的情境下，没有充分的准备，我们的财务状况很容易遭遇危机。

然而，预防总是胜于治疗。我们可以通过精心制订预算、合理配置保险，以及设立紧急基金，为自己筑起一道坚实的财务屏障。想象一下，如果每个月我们都能将部分收入存入一个专门的紧急基金账户，那么当危机真正来临时，这笔钱将成为我们的救命稻草，帮助我们平稳地渡过难关。

当然，即使做了最周全的准备，也可能难以完全避免危机。问题的关键在于，当危机来临时，我们如何迅速调整策略，恢复财务健康。我们可以重新审视预算，寻找新的收入来源，或者优化现有资源的配置。记住，危机之中往往蕴藏着转机，它可能推动我们走出舒适区，探索新的可能性。

这里，我们不妨从博多·舍费尔的故事中汲取一些灵感。这位被誉为“欧洲巴菲特”的投资大师，在 26 岁时也曾遭遇严重的财务危机。然而，他并未因此而沉沦，反而凭借坚定的意志和明智的投资策略，在短短 4 年半内摆脱了债务困扰，实现了财务自由。他的经历不仅证明了财务防线的重要性，还告诉我们：面对困境，只要有足够的准备和正确的策略，都有可能化险为夷，走向成功。

在博多·舍费尔的畅销书《赢家法则》中，他分享了自己关于成功和财富的独到见解。他鼓励我们驾驭自己的工作，实现人生目标，追求更高的收入。同时，他也提醒我们要从不必要的胆怯中解脱出来，学会像成功者那样应对生活的挑战。

这些故事和理念不仅具有深刻的启发性，更为我们提供了宝贵的经验教训。例如，有人因为提前设立了紧急基金，在面对失业的打击时能够保持冷静，从容不迫地寻找新的工作机会。这样的准备让他们在逆境中依然能够保持主动，做出最明智的选择。

## 了解自己的金融健康状态

金融健康，简而言之，就是你和家人在管理日常财务、抵御突发经济风险以及为未来的发展储备资金方面的能力。这关乎你们的经济基础是否稳固、能否应对生活中的风风雨雨，同时支持着你们不断前行。

根据世界银行 2021 年的调研，全球许多地方的居民在金融健康方面都显得颇为脆弱。面对突如其来的经济压力，许多人会感到手足无措。

事实上，大多数人都觉得自己的经济状况并不乐观：64% 的成年人对日常开销感到担忧，69% 的人担忧未来的养老问题，更有高达 74% 的人对医疗费用忧心忡忡。这些数据无疑提醒我们，加强金融健康管理已经刻不容缓，它关系到我们每个人能否在人生的道路上稳步前行。

为了帮助你更好地了解自己的金融健康状态，除了我在书中提供的专业理财表格可供你评估，这里还有一个简单易行的方法供你参考。你只须根据 10 个关键指标进行自我评估即可，而这些指标覆盖了日常生活的金钱管理、应对经济波动的韧性、对未来投资的规划，以及你对个人财务的掌控能力等方面。

值得一提的是，这些指标还能协助你更有效地管理储蓄、信用、借贷、金融规划、投资和保险等方面的金融业务。主观金融健康指标体系如表 5-2 所示。现在，请尝试从这些维度出发，为自己的金融健康状态打个分吧！记住，你的金融健康，由你自己来掌控！

表 5-2　主观金融健康指标体系

| 候选调查指标 | 体现金融业务 | 维度 | | | |
|---|---|---|---|---|---|
| | | 日常 | 韧性 | 未来 | 掌控 |
| 日常收支情况 | | ○ | | | |
| 应急存款可以支持日常生活情况 | 储备 | | ○ | | |
| 应急借贷可以支持日常生活情况 | 信用 | | ○ | | |
| 对现在与未来财务状况的掌控 * | | | | | ○ |
| 对未来财务状况的预期 | | | | ○ | ○ |
| 管理金钱的方式让我享受生活的程度 * | | ○ | | | ○ |
| 人情往来支出对财务状况形成压力的频率 | 储蓄 | | ○ | | |
| 债务可控程度 * | 借贷 | ○ | ○ | ○ | ○ |
| 家庭正在采取必要的财务安排来实现重要的人生目标 * | 投资 / 规划 | | | ○ | |
| 保险覆盖各类风险程度评价 | 保险 / 规划 | | ○ | ○ | |

注：* 标示区分度最高的 4 个指标。

## 日常

日常管理这个看似简单的词汇，其实关乎我们每个人的生活品质。

想想看，我们是不是都希望自己的收入能够稳稳当当，不出现入不敷出的情况？这就需要在日常生活中，细心地管理我们的收支。

收入的多少、稳定不稳定，怎么制订预算，花钱的习惯好不好，账单有没有按时付，欠债多不多……这些都是需要我们关心的问题。

说白了，日常管理就是让我们更好地掌控自己的现金流，让生活能够稳稳当当地过下去。

## 韧性

韧性这个维度，让我们深入了解消费者在面临意外冲击或风险时，是否做足了准备，以及他们如何在困境中迅速恢复。

想象一下，如果一个人提前预见了可能的风险，并采取了应对措施，比如存一笔应急资金、买份保险，那他是不是就更有底气面对未知的挑战呢？

而当不幸真的降临，比如生了大病或者失了业，这个人能不能迅速站起来，继续前行，保持原有的生活品质呢？这就要看他的恢复力如何了。

像是从保险那里得到理赔，或是临时借点钱来应急，都是帮助一个人恢复的方式。

所以，韧性这个维度，真的很重要，它关乎我们每一个人如何在逆境中挺直腰板儿，勇往直前。

## 未来

投资未来，不仅是在规划财富，更是在为未来的梦想和机遇播下种子。

想象一下，那个未知的“有一天”，它象征着无数可能性和转机。我们或许不知道它何时降临，但我们可以做好准备，迎接那个对我们意义重大的日子。

为了那一天，我们可能会提升自己的教育水平，或者为孩子们提供更好的教育；我们可能会换个更舒适的居住环境，或者开启自己的创业之路；又或者，我们会为退休后的悠闲生活提前做打算。

这些都是我们对未来的投资，也是我们把握机会的方式。

无论是金融规划、储蓄、保险，还是其他的投资方式，我们走的每一步都是为了那个美好的“有一天”在努力。

### 掌控

掌控力，不仅是了解自己钱包的厚度，更是对家庭财务状况的全面把握与主导。它要求我们在清晰认识自己的经济状况和所处的金融环境后，能明智地判断，自主地决策，为家庭的金融健康保驾护航。

这种力量，让我们在生活的风浪中稳稳当当，把握方向，驶向更美好的未来。

所以，提升掌控力，就是提升我们驾驭生活的能力，让家庭之船在金融的大海中稳稳前行。

## 财务自由的九大关键原则

如果在物质需求层面遭遇挑战，比如身负债务或经济压力重重，你并不需要独自承受。在这个时刻，不要忽视自己的社交、心智和精神需求，应该积极向外寻求帮助。通过与他人交流，你可以增加自己的理财知识，提高对问题的认知，更清晰地明确自己希望摆脱债务、改善经济状况的动因。无论你选择何种途径来解决问题，这样的过程都会让你的选择更加有意义、有背景、有目标。

当你勇敢面对与物质需求相关的问题时，你将逐渐学会如何以最有效的方式来满足这些需求。在此，有九大关键原则值得你时刻铭记。

第一，财富需要慢慢积累，耐心是关键。

第二，保持独立思考，在纷扰的市场中保持内心的平静。

第三，不要试图预测不可预测的利率变动，而应关注长期价值。

第四，永远保持谦逊，认识到自己不可能无所不知。

第五，通过多样化的投资组合，创造稳定且持续的现金流。

第六，清晰认识自己的能力范围，并在此范围内进行投资。

第七，投资时，情绪管理至关重要，不要让情绪左右你的决策。

第八，培养逆向思维，从不同的角度看待市场和经济问题。

第九，主动接触并了解新事物，保持对市场的敏感度和好奇心。

在本部分结尾之际，我衷心希望你能深刻理解财务健康和风险管理的重要性。通过学习和实践本书中的策略，你将更有能力掌控自己的财务状况，在任何经济环境中都能保持从容与自信。

展望未来，当你遭遇财务挑战时，请铭记这些策略和案例，它们将成为你的宝贵财富。不断优化你的财务规划，让资产在你的精心管理下稳步增长，为你的生活带来更多的安全感和自由。

作为本书的作者，我衷心希望这本书能成为你财务管理道路上的得力助手。请始终牢记，你并不孤单，我一直在你身边。让我们共同努力，迎接更加灿烂辉煌的明天！

# 后　记

## 财务自由不是梦：<br>今日行动，开启你的金钱革命

在笔尖轻舞间，我完成了这本书，它就像是我前 30 年人生的缩影。回望过去，每一步都烙印着父母的影子。我感激他们，因为他们给了我足够的时光，去探索和体验那些真正让我心跳加速的事物。父母赐予我最宝贵的财富，并非物质，而是他们在日常生活中的点滴言行，于潜移默化中塑造了我对金钱的理解和对未来的规划意识。

我的父亲，在 20 多年前就是小城市中那批少有的股市投资者之一。而母亲对理财总是满怀热情，她不断地尝试各种新颖的理财方式，并勇敢地将那些可行的计划付诸实践。在那个年代，当大多数人只是简单地把钱存入银行，甚至对银行理财产品持怀疑态度时，母亲已经率先迈出了一步。

她对数字有着天生的敏感，尤其是在理财方面。虽然她并非财务专业出身，但凭借着对数字的热爱和本身的才华，她甚至兼职负责部门的记账工作。

在撰写这本书的过程中，我不断回忆起那些对我的财富观和理财方式产生深远影响的瞬间，几乎都源自我的父母，尤其是母亲。她的独

立思考、对自己能力范围的清晰认识、长期关注时事新闻的阅读习惯，以及对现有财富的保值增值的重视，都在我幼小的心灵中播下了金钱思维的种子。

如今，父母已经退休多年，他们一生对财富的追求，让他们的晚年生活过得既充实又丰富。我也因此见证了长期规划的力量。仅仅半年时间，他们已经游历了中国的大江南北，总是在规划下一次的旅行。他们可以随心所欲地购买心仪的物品，而无须担忧月底的财务账单。

现在，我负责帮他们管理投资和储蓄，他们更加无忧无虑，计划在身体条件允许的情况下，尽可能地多看看这个世界。即使到了80多岁，需要他人照顾时，他们也计划入住高端的养老社区，享受有品质、有尊严的晚年生活。在我身边，即使是年薪百万的人也不敢想象的品质养老，我的父母却实现了，这都是长期财务规划的力量。

在父母的影响下，我也开始认真研究退休养老规划。我看到了那些拥有长期理财规划的人与那些没有规划、随遇而安的人之间，在生活方式和生活质量上的巨大差异，这更加坚定了我提前实现财富自由的决心。因此，从28岁，我就开始积累实现财务自由所需的本金。到了38岁，我已经积累了足以支撑我在55岁退休的资金，每月至少有1万元的退休金，并拥有达7位数的存款。

生活的真谛不在于金钱，而在于心情。真正的目标是拥有你想要的生活方式，而不是你想要的东西。

当然，我很清楚，即使有了终身收入，我也不会在退休后就停止工作，因为我现在的人生目标已经不仅是赚钱，更重要的是实现自我价值。我想把我10多年来积累的家庭财务管理经验分享给更多的人，帮助他们过上富裕、自由、快乐的生活。

所以，亲爱的朋友们，不要小看每一分钱的力量。只要你愿意开始，哪怕只是一点点，未来这些钱都有可能成为你实现财富自由的坚实基石。

# 附　录

## 探索更深：开阔你的财富视野

在知识的海洋中遨游，每年至少 50 本书的阅读量，让我有了丰富的书籍推荐资源，它们涵盖了个人发展、职业规划、经济学和财富管理等方面。这些书籍能够帮助你提升个人竞争力，构建坚实的财务护城河。

①**《远见》**，作者：布莱恩 · 费瑟斯通豪

这本书提供了关于如何在职业生涯中采取长远视角的深刻见解。

②**《高效能人士的七个习惯》**，作者：史蒂芬 · 柯维

史蒂芬 · 柯维的经典之作，提出了 7 个习惯，能够帮助人们在个人生活和职业生活中取得平衡与成功。

③**《财务自由之路》**，作者：约书亚 · 贝克尔

这本书不仅是关于理财的，更是关于一种生活哲学的，教你如何重新审视金钱与生活的关系，从而实现财务自由。

④**《富爸爸穷爸爸》**，作者：罗伯特 · 清崎

罗伯特 · 清崎通过对自己两位“爸爸”——他的亲生父亲和他最好的朋友的父亲——的对比，阐述了财务知识和投资理念，强调了财务教育的重要性。

⑤**《思考，快与慢》**，作者：丹尼尔·卡尼曼

诺贝尔经济学奖得主丹尼尔·卡尼曼在这本书中，从心理学角度探讨了人类思维的两种模式，以及它们如何影响人们的决策。

⑥**《贫穷的本质》**，作者：杰弗里·萨克斯

杰弗里·萨克斯提出了消除全球贫困的方案，对于理解经济发展和全球不平等问题具有重要价值。

⑦**《如何赢得朋友与影响他人》**，作者：戴尔·卡耐基

这本经典的人际关系指导书，提供了许多实用的建议，可以帮助你在社交和职业场合获得成功。

这些书籍都是我个人成长道路上的宝贵财富，我相信它们也能为你的个人发展和财务规划提供指导与启示。

如果你对财务管理有任何疑问或需求，欢迎你随时联系我。

我有一套实用的财务管理软件和丰富的资源，可以帮助你更好地管理个人或家庭的财务，让金钱为你的生活增添更多便利和快乐。下面是我的微信。

想要随时掌握最新的理财资讯吗？那就赶快关注我的公众号“嘉鑫财富工作室”吧！

在这里，我会分享财经动态和市场趋势预测。你将能够紧跟时代的脚步，洞察先机，为自己的财富管理和人生规划提供有力的支持。

**速算小工具**

房贷计算器 https://yisuan.net/app/loan-calculator

养老金计算器 https://mp.weixin.qq.com/s/auJoRwupjh705XvzcKxGOw